大学物理实验教程

主　编　唐帆斌　覃振鹏
副主编　韦兰香　蓝春香
参　编　宁宏新　徐金敏　邓光青

北京理工大学出版社
BEIJING INSTITUTE OF TECHNOLOGY PRESS

内 容 简 介

本书根据教育部物理基础课程教学指导分委员会制定的《理工科类大学物理实验课程教学基本要求》编写而成，全书共 6 章，系统地介绍了误差和数据处理的基本知识、物理实验的基本方法和技术，内容涵盖力学、热学、电磁学、光学等的基本性实验，以及设计性实验。本书强调实验的物理思想，使学生既能在实验室对基本的物理规律进行考察，又能提高自己的实验能力和科学素养。

本书可作为理工科各专业大学物理实验课程的教材和参考书，也可供物理教师、实验技术人员参考。

图书在版编目（CIP）数据

大学物理实验教程 / 唐帆斌，覃振鹏主编. --北京：北京理工大学出版社，2022.11

ISBN 978-7-5763-1889-0

Ⅰ. ①大… Ⅱ. ①唐… ②覃… Ⅲ. ①物理学-实验-高等学校-教材 Ⅳ. ①O4-33

中国版本图书馆 CIP 数据核字（2022）第 230326 号

出版发行 / 北京理工大学出版社有限责任公司

社　　址 / 北京市海淀区中关村南大街 5 号

邮　　编 / 100081

电　　话 / （010）68914775（总编室）

　　　　　（010）82562903（教材售后服务热线）

　　　　　（010）68944723（其他图书服务热线）

网　　址 / http：//www.bitpress.com.cn

经　　销 / 全国各地新华书店

印　　刷 / 涿州市新华印刷有限公司

开　　本 / 787 毫米×1092 毫米　1/16

印　　张 / 9.25

字　　数 / 218 千字

版　　次 / 2022 年 11 月第 1 版　2022 年 11 月第 1 次印刷

定　　价 / 29.80 元

责任编辑 / 江　立

文案编辑 / 李　硕

责任校对 / 刘亚男

责任印制 / 李志强

图书出现印装质量问题，请拨打售后服务热线，本社负责调换

前言

"大学物理实验"是对高等院校学生进行科学实验基本训练的一门独立的必修基础课程，是理工科学生进入大学后接受系统实验技能训练的开端，是学生进行科学实验训练的重要基础，在培养学生用实验手段去观察、发现、分析和研究问题，最终解决问题的能力方面起着重要作用，为进一步学习后续课程打下良好的基础。

本书根据常用的物理实验室的仪器设备，借鉴同类教材编写而成，主要包括力学、热学、电磁学、光学四部分的基础性实验，供开设有大学物理实验的班级使用。本书还编有少量的设计性实验（自选），让学生能根据自己的兴趣、爱好和特长进行自主学习，为学生个性化发展提供一个自主的学习空间。

本书在某些实验中，可采用多种实验原理方法和使用不同的测量仪器，通常列出两三种常用的测量方法供读者选择。对于某些在多个实验中用到的仪器，通常在第一个使用该仪器的实验中介绍。此外，考虑到同学们初次接触大学物理实验，所以加入了绪论，详细介绍物理实验课的任务与教学环节、有效数字及其运算规则、测量与误差、测量的不确定度、数据处理的一般方法等。

本书的编写由实验教学一线教师完成，全书共有6章，其中，第1、2和6章由唐帆斌编写，第3章由覃振鹏编写，第4章由韦兰香和蓝春香编写，第5章由宁宏新和徐金敏编写，图表由邓光青绘制，唐帆斌负责对全书进行统稿。

由于编者水平有限，书中难免存在错误和疏漏之处，敬请读者指正，以便进一步修改、完善。

编　者
2022 年 8 月

目 录

第 1 章

绪 论

§1.1 物理实验课的任务与教学环节

一、物理实验课的任务

物理学是一门实验科学，物理学的形成和发展是以实验为基础的，物理实验的重要性，不仅体现在通过实验发现物理定律，也体现在物理学中的每一项重要突破都与实验密切相关。历史表明，在物理学的建立和发展过程中，物理实验一直起着重要的作用，并且在今后探索和开拓新的科技领域时，物理实验仍然是强有力的工具。物理实验课是理工科大学学生进行科学实验基础训练的一门重要课程，是学生进入大学后受到系统实验方法和实验技能训练的开端，是大学生今后从事科学研究工作的启蒙，它的**主要任务**如下。

(1)学习物理实验的基本知识、基本方法，培养实验技能：具体包括弄懂实验的基本原理，熟悉一些物理量的测量方法；熟悉常用仪器、测量工具的基本结构原理，掌握使用方法；学会记录原始数据和处理数据、分析实验结果，写出完整的实验报告。

(2)培养良好的实验习惯，培养严谨、细致、实事求是的科学态度和工作作风。

(3)通过对物理实验现象的观测和分析，学习运用理论指导实验、分析和解决实验中出现的问题，将理论和实践结合，加深对物理概念和规律的理解。

(4)通过设计性实验的实践训练，学习并初步了解物理实验的基本设计方法。

二、物理实验课的教学环节

物理实验是学生在老师指导下独立进行实验的一种实践活动，但是无论实验的内容如何，也无论采用何种实验方法，其基本程序大致相同，一般都有以下三个环节。

1. 课前预习

要在规定的时间内高质量地完成实验任务，必须在实验之前做好充分的预习工作，才能掌握实验工作的主动性，自觉地、创造性地获得知识，否则只能机械、盲目地照搬实验教材内容，谈不上理解物理现象的实质，分析实验中的各种现象。

预习时应仔细阅读实验教材和有关的资料。在理解本次实验的目的、原理的基础上，弄清楚要观察哪些现象，测量哪些物理量，以及用什么方法和仪器来测量，同时写出预习报告。预习报告应包括：画出实验原理图；列出实验所依据的理论公式；解释公式中各个量所表示的含义；画出数据记录表格(表格中应标明各个符号代表的物理量及其单位，并确定测量次数)。

2. 实验过程

实验过程是整个教学中最重要的一环，主要培养学生的动手能力、分析问题和解决问题的能力。因此，必须充分利用课内的有限时间，提高学习效果。实验过程需做到以下几点。

(1)仪器的安装与调节：实验前要熟悉仪器，了解仪器的工作原理和用法，然后耐心地将仪器安装调整好。不耐心细致地调整仪器，而忙于进行测量，这是很多同学容易出现的问题。使用仪器测量时，必须按规程进行操作。在仪器的安装与调节中一般应注意：

①安排仪器时，应尽量做到便于观察、读数和记录；

②灵敏度高的仪器(例如物理天平、灵敏电流计)都有制动器，不进行测量时，应使仪器处于制动状态；

③对于停表、温度计、放大镜等小件仪器，在用完之后要放到实验台中间的仪器盒中；

④拧动仪器上的旋钮或转动部分时，不要用力过猛；

⑤注意仪器的零点，必要时需进行调零；

⑥对于砝码、透镜、表面镀膜反射镜等器件，为了保持其测量精确度和光洁，不许用手去摸，也不要随便用布去擦；

⑦使用电学仪器要注意电源电压、极性，并需经教师允许后方能接通电源；

⑧实验后要将仪器恢复到实验前的状态。

(2)观测：实验中必须仔细观察、积极思考、认真操作、防止急躁。要在实验所具备的客观条件(如温度、压力、仪器精度等)下，进行实事求是的观察和测量。

(3)记录：每次测量后，应及时将实验数据细心地记录在数据表格内，并注明单位。要根据仪表的最小刻度单位或准确度等级决定实验数据的有效数字的位数。记录时要用钢笔、中性笔或圆珠笔，不要用铅笔。如果发现记错了，也不要涂改，应轻轻画上一道，在旁边写上正确值，使正误数据都能清晰可辨，以供在分析测量结果和误差时参考。此外，还应记录环境温度、湿度、气压等实验条件，仪器型号规格与编号以及实验现象等。

总之，测量实验数据时要特别仔细，以保证读数准确，因为实验数据的优劣，往往决定了实验结果的成败。

3. 实验报告

实验报告是实验工作的全面总结，要求文字通顺、字迹端正、图表规矩、结论明确，逐步培养以书面形式分析、总结科学实验结果的能力。实验报告内容包括：

(1)**实验名称**；

(2)**实验目的**；

(3)**实验仪器**：应注明所用仪器的规格、精度或分度值(即最小刻度值)；

(4)**实验原理**：用自己的语言简要叙述实验原理，列出测量中依据的主要公式、电路图、光路图等；

（5）**实验内容与步骤**：根据实际的实验过程条理分明地写出实验步骤及安全注意要点，可参考实验教材上的步骤，但不要照抄了事；

（6）**数据记录与处理**：对实验中记录的"原始数据"重新列表整理，根据实验要求完成数据计算、图线的绘制等。计算要按照有效数字的运算法则进行，并求出结果的不确定度，正确运用不确定度表示实验结果。

（7）**结果及讨论**：该部分要明确给出实验结果，并对结果进行讨论（如实验中观察到的现象分析、误差来源分析、实验中存在的问题讨论、回答实验思考题等）。也可对实验本身的设计思想、实验仪器的改进等提出建设性意见。

§1.2　有效数字及其运算规则

一、有效数字的定义及其基本性质

在实验中所测得的被测量都是含有误差的数值，这个数值不应当无止境地写下去，写多了没有实际意义，写少了又不能比较真实地表达物理量。因此，一个物理量的数值和数学上的某一个数就有着不同的意义，这就引入了**有效数字**的概念。从仪器上读出的数字，通常都要尽可能估计到仪器分度值的下一位。这最后一位数是有疑问的，称为可疑数字，其余的是准确数字，称为可靠数字。由此我们定义：**测量结果中所有可靠数字加上末位的可疑数字统称为测量结果的有效数字。**

例如用分度值为 1 mm 的直尺测量物体的长度，读数值为 7.28 cm。其中 7 和 2 这两个数字是从直尺的刻度上准确读出的，即为可靠数字。末尾数字 8 是在直尺分度值的下一位上估计出来的，是不准确的，即为可疑数字，测量结果只能保留一位可疑数字。有效数字的个数叫作有效数字的位数，如上述的 7.28 cm 就有三位有效数字。

书写有效数字时必须注意"0"的位置。仪器上显示的最后一位数是"0"时，此"0"也是有效数字，也要读出并记录。例如，用一毫米分度尺测得一物体的长度为 5.30 cm，它表示物体的末端是和分度线"3"刚好对齐，下一位是 0，这时若写成 5.3 cm 则不能肯定这一点。所以此"0"是有效数字，必须记录。另外在记录时，由于选择单位的不同，也会出现一些"0"。例如，5.30 cm 也可记为 0.0530 m，这些由于单位变换才新出现的"0"，没有反映出测量大小的信息，不能认为是有效数字。

在物理实验中通常采用科学记数法记录数据，就是任何数值都只写出有效数字，且通常在小数点前只保留一位整数，而数量级则用 10 的 n 次幂的形式去表示，如 0.0530 m 可写成为 5.30×10^{-2} m。

从有效数字的另一面也可以看出测量用具的分度值，如 0.0135 m 是用分度值为毫米的尺子测量的，而 1.030 m 是用分度值为厘米的尺子测量的。但是有些仪器，例如数字式仪表或游标卡尺，是不可能估计出分度值以下一位数字的，那么读数办法是：把直接读出的数字记录下来，仍然认为最后一位是存疑的，因为在数字式仪表中，最后一位总有 ±1 的误差。游标卡尺的情况也是如此。

二、有效数字的运算规则

由于测量误差的存在，直接测得的数据只能是近似数，因此通过这些近似数求得的间接测量值也是近似数。几个近似数的运算可能会增大误差，为了不因计算而引进误差，同时为了使运算更简洁，对有效数字的运算作如下规定。

（1）实验后计算误差时，根据误差确定有效数字是正确决定有效数字的基本依据。

误差只取一位或二位有效数字，测量值的有效数字是到误差末位为止，即测量值有效数字的末位和误差末位取齐，如用单摆测得某地重力加速度 $g = (981.2 \pm 0.8)$ cm/s^2，误差只取一位，测量值的有效数字的末位是和误差同一位的 2。

（2）实验后不计算误差时，测量结果有效数字位数只能按以下的规则粗略地确定。

①加减运算。

若干个数进行加法或减法运算，其和或者差的结果的可疑数字的位置和参与运算各个量中的可疑数字的位置最高者相同。即加减运算后的末位，应当和参加运算各数中最先出现的可疑位一致。

例如：

$$32.\underline{1}+3.2\underline{76} = 35.3\underline{76} = 35.\underline{4} \qquad 26.6\underline{5}-3.9\underline{26} = 22.7\underline{24} = 22.7\underline{2}$$

②乘除运算。

乘除运算后的有效数字位数，可估计为和参加运算各数中有效数字位数最少的相同。

例如：

$$834.\underline{5} \times 23.\underline{9} = 199\underline{44.55} = 1.9\underline{9} \times 10^4 （三位）$$

③其他运算。

乘方、开方的有效数字与原数的有效数字位数相同。以 e 为底的自然对数，计算结果的小数点后面的位数与原数的有效数字位数相同，如 ln 56.7 = 4.038（结果的小数点后取三位）。以 10 为底的常用对数，计算结果的有效数字位数比 ln x 的结果多取一位。

指数（包括 10^x，e^x）函数运算后的有效数字的位数可取比指数的小数点后的位数多一位，如 $e^{9.24} = 1.03 \times 10^4$（指数上的小数点后有两位，计算结果的有效数字为三位）。

对三角函数，一般角度的不确定度分别为 $1'$、$10''$、$1''$，有效数字位数分别取四、五、六位。

④有效数字的修约。

根据有效数字的运算规则，为使计算简化，在不影响最后结果应保留有效数字位数（或可疑数字的位置）的前提下，可以在运算前、后对数据进行修约，其修约原则是"四舍六入五看右左"，五看右左即：为五时，看五后面，若为非零的数则入，若为零则往左看拟留数的末位数，为奇数则入，为偶数则舍。这一修约原则可以简述为"五看右左"。

例如：将下列数保留三位小数：2.143 50→2.144
                                   2.144 50→2.144
                                   2.144 51→2.145

⑤使用有效数字规则时的注意事项。

a. 对参与运算的一些特殊的准确数或常数，如倍数 2，测量次数 n，常数 π、e 等，2、n 没有可疑成分，不受有效数字运算规则限制；π、e 等常数的有效数字位数可任意取，一般与被测量的有效数字位数相同。

b. 有多个数值参加运算时，在运算中途应比按有效数字运算规则规定的多保留一位，以防止由于多次取舍引入计算误差，但运算最后仍应舍去，例如：

$$3.144 \times (3.615^2 - 2.684^2) \times 12.39$$

$$= 3.144 \times (13.06\overline{8} - 7.203\overline{9}) \times 12.39$$

$$= 3.144 \times 5.86\overline{4} \times 12.39 = 228$$

上方带横线的数字不是有效数字，运算过程中保留它，是为了减少舍入误差，这样的数称为安全数字。

§1.3　测量与误差

一、测量

物理实验是以测量为基础的，研究物理现象、了解物质特性、验证物理原理都要进行测量。根据测量方法不同，测量可分为直接测量和间接测量。直接测量就是把被测量与标准量直接比较得出结果。如用直尺测量物体的长度，用天平称量物体的质量，用电流表测量电流等，都是直接测量。间接测量是借助函数关系由直接测量的结果计算出待测量。例如测量地球表面的重力加速度时，可以由测量单摆的摆长和周期并根据单摆周期的公式计算得出；测量电阻时，可以通过测量流过被测电阻的电流和电阻两端的电压并根据欧姆定律求出该电阻的阻值。

根据测量条件不同，测量可分为等精度测量和非等精度测量。等精度测量是指在同一（相同）条件下进行的多次重复的测量，如同一个人，用同一台仪器，每次测量时周围环境条件相同。等精度测量每次测量的可靠程度相同，这样的一组数据称为测量列。反之，若每次测量时的条件不同，或测量仪器改变，或测量方法、条件改变，这样所进行的一系列测量叫作非等精度测量。非等精度测量的结果，其可靠程度自然也不相同。在物理实验中，凡是要求对被测量进行多次测量的均指等精度测量，本课程中有关测量误差与数据处理的讨论，都是以等精度测量为前提的。

测量结果给出被测量的量值，它包括两部分，数值和单位。

二、误差

实践表明，测量结果都存在误差，误差自始至终存在于一切科学实验和测量的过程中。这是因为测量仪器、方法、环境及实验者等都不可能完美无缺。分析测量中可能产生的各种误差并尽可能消除或减小其影响，对测量结果中未能消除的误差作出合理估计，是实验的重要内容。

1. 误差概念

每一个物理量都是客观存在，在一定的条件下具有不以人的意志为转移的固定大小，这个客观大小称为该物理量的真值。进行测量是想要获得被测量的真值，但是测量是依据一定的理论或方法，使用一定的仪器，在一定的环境中，由一定的人进行的，而由于实验理论的近似性，实验仪器灵敏度和分辨能力的局限性，环境的不稳定性等因素的影响，被测量的真值是不可能测得的，测量结果和被测量真值之间总会存在或多或少的偏差，这种偏差就称为**测量误差**。

设被测量的真值为 x_0，测量值为 x，误差为 Δx，则：

$$\Delta x = x - x_0 \tag{1-3-1}$$

式(1-3-1)所定义的测量误差反映了测量值偏离真值的大小的方向，因此又称 Δx 为绝对误差。

绝对误差可以表示某一测量结果的优劣，但在比较不同测量结果时则不适用，需要用相对误差 E 表示。相对误差定义为测量的绝对误差与真值之比，一般用百分比来表示。即：

$$E = \frac{\Delta x}{x_0} = \frac{|x - x_0|}{x_0} \times 100\% \tag{1-3-2}$$

由于客观条件所限、人们认识的局限性，测量不可能获得被测量的真值，通常用约定真值(一近似的相对真值)代替真值，也称测量的最佳值。在实际应用中，对单次测量可直接将测量结果当成约定真值，对多次测量将其算术平均值当作约定真值。

由于误差存在于一切科学实验和测量过程的始终，因此分析测量中可能产生的各种误差，尽可能消除其影响，并对最后结果中未能消除的误差作出估计，就是物理实验中不可缺少的工作。为此必须研究误差的性质、来源，以便采取适当的措施，以期达到最好结果。

2. 误差的分类

测量误差根据其性质和来源可分为系统误差和随机误差两大类。

1) 系统误差

在同一条件下(测量方法、仪器、环境和观测人不变)多次测量同一量时，符号和绝对值保持不变的误差，或按某一确定的规律变化的误差，称为系统误差。系统误差的来源具有以下几个方面。

(1)仪器误差：由于仪器本身的缺陷或没有按规定条件使用仪器而造成的误差。

(2)理论误差：由于测量所依据的理论公式本身的近似性，或实验条件不能达到理论公式所规定的要求，或测量方法等所带来的误差。

(3)观测误差：由于观测者本人生理或心理特点造成的误差。

例如，用"落球法"测量重力加速度，由于空气阻力的影响，多次测量的结果总是偏小，这是测量方法不完善造成的误差；用停表测量运动物体通过某一段路程所需要的时间，若停表走得太快，即使测量多次，测量的时间 t 总是偏大为一个固定的数值，这是仪器不准确造成的误差；在测量过程中，若环境温度升高或降低，使测量值按一定规律变化，是由于环境因素变化引起的误差。

系统误差一般应通过校准测量仪器、改进实验装置和实验方案、对测量结果进行修正等方法加以消除或尽可能减小。发现并消除或减小系统误差通常是一件困难的任务，需要对整个实验所依据的原理、方法、仪器和步骤等可能引起误差的各种因素进行分析。实验结果是否正确，往往在于系统误差是否已被发现和尽可能消除，因此对系统误差不能轻易放过。

2) 随机误差

在实际测量条件下，多次测量同一量时，时大时小、时正时负，以不可预定方式变化着的误差叫作随机误差，也叫偶然误差。引起随机误差的原因也很多，主要与仪器精密度和观察者感官灵敏度有关。如仪器显示数值的估计读数位偏大或偏小；仪器调节平衡时，平衡点确定不准；测量环境扰动变化以及其他不能预测不能控制的因素，如空间电磁场的干扰，电源电压波动引起测量的变化等。

在少量测量数据中，随机误差的取值不具有规律性，当测量次数很多时，随机误差就显示出明显的规律性。实践和理论都已证明，随机误差服从一定的统计规律(正态分布)，其特点是：绝对值小的误差出现的概率比绝对值大的误差出现的概率大(单峰性)；绝对值相等的正负误差出现的概率相同(对称性)；绝对值很大的误差出现的概率趋于零(有界性)；误差的算术平均值随着测量次数的增加而趋于零(抵偿性)。因此，增加测量次数可以减小随机误差，但不能完全消除。

由于测量者的过失，如实验方法不合理、用错仪器、操作不当、读错数值或记错数据等引起的误差，是一种人为的过失误差，不属于测量误差。只要测量者采用严肃认真的态度，过失误差是可以避免的。

三、算术平均值与误差的估算

1. 单次直接测量的误差估算

在一般情况下，对于一次直接测量所得的测量值，其有效数字应取到仪器的分度值再估计一位。一次直接测量的误差应根据仪器的准确度级别来计算。按国家规定，电气测量指示仪表的准确度等级分为 0.1、0.2、0.5、1.0、1.5、2.5、5.0 共七级，在规定条件下使用时，其示值 x 的最大绝对误差为：

$$\Delta = \pm 量程 \times 准确度等级 \ \% \tag{1-3-3}$$

例如，0.5 级电压表量程为 3 V 时，$\Delta V = \pm 3 \times 0.5\% \ V = \pm 0.015 \ V$。如果没有注明，也可取仪器分度值的一半作为单次测量的误差。

对仪器准确度的选择要适当，在满足测量要求的前提下尽量选择准确度等级较低的仪器。当间接测量时，各直接测量仪器准确度等级的选择，应根据误差合成和误差均分原理，视直接测量的误差对实验最终结果影响程度的大小而定。影响小的可选择准确度等级较低的仪器，否则应选择准确度等级较高的仪器。

2. 多次测量的平均值及误差

为了减小偶然误差，在可能情况下，总是采用多次测量，将各次测量的算术平均值作为测量的结果。设对某一物理量进行直接多次测量，测量值分别为 x_1, x_2, x_3, $\cdots$, x_n，用 $\bar{x}$ 表示平均值，则：

$$\bar{x} = \frac{1}{n}(x_1 + x_2 + x_3 + \cdots + x_n) = \frac{1}{n}\sum_{i=1}^{n} x_i \tag{1-3-4}$$

在一组 n 次测量的数据中，算术平均值 $\bar{x}$ 最接近于真值，称为测量的最佳值或近真值。这是由最小二乘法原理推导出来的。现证明如下：假设最佳值为 X 并用其代替真值 x_0，各测量值与最佳值间的偏差为 $\Delta x_i' = x_i - X$，按照最小二乘法原理，若 X 是真值的最佳估计值，则要求偏差的平方和 S 应最小，即：$S = \sum_{i=1}^{n} (x_i - X)^2 \rightarrow \min$。

由求极值的法则可知，S 对 X 的微商应等于零：

$$\frac{\mathrm{d}S}{\mathrm{d}X} = -2\sum_{i=1}^{n} (x_i - X) = 0$$

于是

$$nX - \sum_{i=1}^{n} x_i = 0$$

即

$$X = \frac{1}{n} \sum_{i=1}^{n} x_i = \bar{x}$$

所以测量列的算术平均值 $\bar{x}$ 是真值 x_0 的最佳值。在这种情形下，测定值的误差可用算术平均偏差或标准偏差（均方根偏差）表示出来。现分别介绍如下。

1）算术平均偏差

各测量值 x_i 与平均值 $\bar{x}$ 的偏差（也称残差）为 $x_i - \bar{x}$，则算术平均偏差的定义是：

$$\Delta x = \frac{1}{n}(|x_1 - \bar{x}| + |x_2 - \bar{x}| + \cdots + |x_n - \bar{x}|) = \frac{1}{n} \sum_{i=1}^{n} |x_i - \bar{x}| \qquad (1-3-5)$$

2）标准偏差（均方根偏差）

由误差理论可以证明标准偏差的计算式为：

$$S(x) = \sqrt{\frac{\sum_{i=1}^{n} (x_i - \bar{x})^2}{n-1}} \qquad (1-3-6)$$

上式称为贝塞尔公式。

可以证明平均值的标准偏差 $S(\bar{x})$ 是单次测量的标准偏差 $S(x)$ 的 $\frac{1}{\sqrt{n}}$，即：

$$S(\bar{x}) = \frac{S(x)}{\sqrt{n}} = \sqrt{\frac{\sum_{i=1}^{n} (x_i - \bar{x})^2}{n(n-1)}} \qquad (1-3-7)$$

3）标准偏差的统计意义

标准偏差小的测量值，表示分散范围较窄或比较向中间集中，而这种表现又显示测量值偏离真值的可能性较小，即测量值的可靠性较高。

按误差理论的高斯分布可知：

$[\bar{x} - S(\bar{x})] \sim [\bar{x} + S(\bar{x})]$ 范围包含真值的概率为 68%；

$[\bar{x} - 1.96S(\bar{x})] \sim [\bar{x} + 1.96S(\bar{x})]$ 范围包含真值的概率为 95%；

$[\bar{x} - 2.58S(\bar{x})] \sim [\bar{x} + 2.58S(\bar{x})]$ 范围包含真值的概率为 99%。

上述结果是指系统误差已消除时的情况。很明显 $S(\bar{x})$ 越小，上述各范围越窄，因而用平均值 $\bar{x}$ 作为真值的估计值就越可靠。此时多次测量值的结果表示为：

$$x = \bar{x} \pm \Delta x \text{ 或 } x = \bar{x} \pm S(\bar{x}) \qquad (1-3-8)$$

3. 间接测量的误差计算

间接测量量 y 是由 n 个直接测量量 x_i 的测量值所决定的，它们之间的函数关系设为：

$$y = f(x_1, x_2, \cdots, x_n)$$

用微分学可证明，间接测量量的最佳结果是：

$$\bar{y} = f(\bar{x}_1, \bar{x}_2, \cdots, \bar{x}_n)$$

上式表明，只需将每个直接测量量的最佳值 $\bar{x}_i$ 代入函数式，即可算出间接测量量的最佳值。

既然各直接测量量都是有误差的，那么间接测量量也必然有误差，这种现象称为误差传递。表达各直接测量值误差与间接测量值误差之间的关系式称为误差传递公式。算术平均偏差的计算方法如下。

（1）和的误差。当 $y = ax_1 + bx_2$ 时（a、b 为常系数），在考虑误差之后可写成：

$$y \pm \Delta y = a(x_1 \pm \Delta x_1) + b(x_2 \pm \Delta x_2)$$

所以：

$$\pm \Delta y = (\pm a\Delta x_1) + (\pm b\Delta x_2) \tag{1-3-9}$$

（2）差的误差。当 $y = ax_1 - bx_2$ 时（a、b 为常系数），在考虑误差之后可写成：

$$y \pm \Delta y = a(x_1 \pm \Delta x_1) - b(x_2 \pm \Delta x_2)$$

所以：

$$\pm \Delta y = (\pm a\Delta x_1) - (\pm b\Delta x_2)$$

在最不利的情况下，应取：

$$\pm \Delta y = (\pm a\Delta x_1) + (\pm b\Delta x_2) \tag{1-3-10}$$

与和的误差结果相同。

（3）积的误差。当 $y = ax_1x_2$ 时（a 为常系数），在考虑误差之后可写成：

$$y \pm \Delta y = a(x_1 \pm \Delta x_1)(x_2 \pm \Delta x_2)$$

所以：

$$\pm \Delta y = (\pm a\Delta x_1 x_2) + (\pm a\Delta x_2 x_1) + (\pm a\Delta x_1 \Delta x_2)$$

上式中右侧第三项与前两项相比，可以忽略。即：

$$\pm \Delta y = (\pm a\Delta x_1 x_2) + (\pm a\Delta x_2 x_1) \tag{1-3-11}$$

（4）商的误差。当 $y = a\dfrac{x_1}{x_2}$ 时（a 为常系数），在考虑误差之后可写成：

$$y \pm \Delta y = a\frac{x_1 \pm \Delta x_1}{x_2 \pm \Delta x_2}$$

略去二阶微小量得：

$$y \pm \Delta y = a\frac{x_1}{x_2} + \left(\pm a\frac{\Delta x_1}{x_2}\right) + \left(\pm a\frac{x_1\Delta x_2}{x_2^{\,2}}\right)$$

即：

$$\pm \Delta y = \left(\pm a\frac{\Delta x_1}{x_2}\right) + \left(\pm a\frac{x_1\Delta x_2}{x_2^{\,2}}\right) \tag{1-3-12}$$

（5）一般运算关系的误差计算公式可用微分法求得。

设一物理量 y 与另一些可直接测量的物理量 x_1，x_2，$\cdots$，x_n 有函数关系：$y = f(x_1, x_2, \cdots, x_n)$，对其求微分并以误差符号表示，即可求出 y 的绝对误差为：

$$\Delta y = \frac{\partial f}{\partial x_1}\Delta x_1 + \frac{\partial f}{\partial x_2}\Delta x_2 + \cdots + \frac{\partial f}{\partial x_n}\Delta x_n \tag{1-3-13}$$

若对 $y = f(x_1, x_2, \cdots, x_n)$ 两边先取自然对数，则有：$\ln y = \ln f(x_1, x_2, \cdots, x_n)$，再对其求微分并以误差符号表示，便可求出 y 的相对误差为：

$$\frac{\Delta y}{y} = \frac{\partial \ln f}{\partial x_1}\Delta x_1 + \frac{\partial \ln f}{\partial x_2}\Delta x_2 + \cdots + \frac{\partial \ln f}{\partial x_n}\Delta x_n \tag{1-3-14}$$

设间接测量量 N 与各独立的直接测量量 x，y，z，$\cdots$ 的函数关系为：$N = f(x, y, z, \cdots)$，在对 x，y，z，$\cdots$ 进行有限次测量的情况下，间接测量的最佳值为：

$$\overline{N} = f(\bar{x}, \bar{y}, \bar{z}, \cdots) \tag{1-3-15}$$

在只考虑随机误差的情况下，每个直接测量量的结果为：

$$\bar{x} \pm S(\bar{x}), \ \bar{y} \pm S(\bar{y}), \ \bar{z} \pm S(\bar{z}), \ \cdots$$

由数学中全微分公式可以推导出标准偏差的传递公式为：

$$S_{\overline{N}} = \sqrt{\left(\frac{\partial f}{\partial x}\right)^2 S^2(\bar{x}) + \left(\frac{\partial f}{\partial y}\right)^2 S^2(\bar{y}) + \left(\frac{\partial f}{\partial z}\right)^2 S^2(\bar{z}) + \cdots} \tag{1-3-16}$$

这个标准偏差的计算公式，更真实地反映了各直接测量值的误差对间接测量值的贡献，因此在正式的误差分析和计算中，都采用这个公式。但在许多简单的物理实验中，为了对误差进行粗略的估计，仍采用算术平均偏差的计算公式，这样要简单得多。

（6）一些常用函数标准偏差的传递公式如表 1-3-1 所示。

表 1-3-1　一些常用函数标准偏差的传递公式

函数表达式	标准偏差传递公式
$N = x \pm y$	$S(\bar{N}) = \sqrt{S^2(\bar{x}) + S^2(\bar{y})}$
$N = xy$ 或 $N = \dfrac{x}{y}$	$\dfrac{S(\bar{N})}{N} = \sqrt{\left(\dfrac{S(\bar{x})}{x}\right)^2 + \left(\dfrac{S(\bar{y})}{y}\right)^2}$
$N = kx$	$S(\bar{N}) = \lvert k \rvert S(\bar{x})$；$\dfrac{S(\bar{N})}{N} = \dfrac{S(\bar{x})}{x}$
$N = x^n$	$\dfrac{S(\bar{N})}{N} = n\dfrac{S(\bar{x})}{x}$
$N = \dfrac{x^p y^q}{z^r}$	$\dfrac{S(\bar{N})}{N} = \sqrt{p^2\left(\dfrac{S(\bar{x})}{x}\right)^2 + q^2\left(\dfrac{S(\bar{y})}{y}\right)^2 + r^2\left(\dfrac{S(\bar{z})}{z}\right)^2}$
$N = \sin x$	$S(\bar{N}) = \lvert \cos x \rvert S(\bar{x})$
$N = \ln x$	$S(\bar{N}) = \dfrac{S(\bar{x})}{x}$

§1.4　测量的不确定度

自从国际计量局在《实验不确定度的规定：建议书 INC-1（1980）》中提出使用"不确定度"表示实验结果的误差后，世界各国已普遍采纳。我国从 1992 年 10 月开始实施的《测量误差和数据处理技术规范》中，也规定了使用不确定度评定测量结果的误差。

一、不确定度的概念

不确定度 u 是表征测量结果具有分散性的一个参数，它是被测物理量的真值在某个量值范围内的一个评定。或者说，它表示由于测量误差的存在而对被测量值不能确定的程度。不确定度反映可能存在的误差范围，即随机误差分量和未定系统误差分量的联合分布范围。

不确定度是建立在误差理论基础上的一个新概念，是误差的数字指标，它表示由于测量误差的存在而对被测量值不能肯定的程度，即测量结果不能肯定的误差范围。每个测量结果总存在着不确定度，作为一个完整的测量结果不仅要标明其值大小，还要标出测量不确定度，以表明该测量结果的可信赖程度。由于误差来源众多，测量结果不确定度一般包含几个分量，为了估算方便，按估计其数值的不同方法，它可以分为 A、B 两类分量。

1. A 类不确定度 $u_A(x)$

A 类分量等于用统计方法计算出的标准偏差，即 A 类不确定度 $u_A(x)$ 就取为平均值的标准偏差：

$$u_A(x) = S(\bar{x}) = \sqrt{\frac{\sum\limits_{i=1}^{n}(x_i - \bar{x})^2}{n(n-1)}} \tag{1-4-1}$$

2. B 类不确定度 $u_B(x)$

评定不确定度有的用统计方法，即 A 类评定，另外有些不能用统计方法评定，用非统计方法评定的不确定度就是 B 类不确定度，用符号 $u_B(x)$ 表示。

标准不确定度的 B 类评定可有几种不同的情况，有的计量器具在说明书上注明，有的可以从国家有关标准中查出其允许误差，有的则参照仪器的分度值去确定其极限误差。一般认为仪器误差服从均匀分布，其极限误差为 Δ，则其标准差为 $\frac{\Delta}{\sqrt{3}}$，故其 B 类不确定度 $u_B(x)$ 为：

$$u_B(x) = \frac{\Delta}{\sqrt{3}} \tag{1-4-2}$$

关于 B 类不确定度 $u_B(x)$ 的评定，还有其他不服从均匀分布的问题，在本书的实验里均用式 (1-4-2) 处理。

3. 合成不确定度 $u_C(x)$

一般地，A 类不确定度和 B 类不确定度相互独立，故应按"方和根"方法进行合成，即合成不确定度 $u_C(x)$ 为：

$$u_C(x) = \sqrt{u_A^2(x) + u_B^2(x)} \tag{1-4-3}$$

则不确定度传递公式如表 1-4-1 所示。

表 1-4-1　不确定度传递公式

函数表达式	不确定度传递公式
$N = x \pm y$	$u_C(\bar{N}) = \sqrt{u_C^2(\bar{x}) + u_C^2(\bar{y})}$
$N = x \cdot y$ 或 $\dfrac{x}{y}$	$\dfrac{u_C(\bar{N})}{\bar{N}} = \sqrt{\left[\dfrac{u_C(\bar{x})}{\bar{x}}\right]^2 + \left[\dfrac{u_C(\bar{y})}{\bar{y}}\right]^2}$
$N = kx$	$u_C(\bar{N}) = |k|u_C(\bar{x})$；$\dfrac{u_C(\bar{N})}{\bar{N}} = \dfrac{u_C(\bar{x})}{\bar{x}}$
$N = x^n$	$\dfrac{u_C(\bar{N})}{\bar{N}} = n \cdot \dfrac{u_C(\bar{x})}{\bar{x}}$
$N = \sqrt[n]{x}$	$\dfrac{u_C(\bar{N})}{\bar{N}} = \dfrac{1}{n} \cdot \dfrac{u_C(\bar{x})}{\bar{x}}$
$N = \dfrac{x^p y^q}{z^r}$	$\dfrac{u_C(\bar{N})}{\bar{N}} = \sqrt{p^2\left[\dfrac{u_C(\bar{x})}{\bar{x}}\right]^2 + q^2\left[\dfrac{u_C(\bar{y})}{\bar{y}}\right]^2 + r^2\left[\dfrac{u_C(\bar{z})}{\bar{z}}\right]^2}$

函数表达式	不确定度传递公式
$N = \sin x$	$u_{\mathrm{C}}(N) = \lvert \cos x \rvert \cdot u(x)$
$N = \ln x$	$u_{\mathrm{C}}(N) = \dfrac{u(x)}{x}$

二、测量结果有效数字取舍原则

不确定度一般保留 1~2 位有效数字，当首位数字等于或大于 3 时，取一位；小于 3 时，取两位，其后面的数字采用进位法舍去。例如：计算结果得到不确定度为 $0.241\ 4 \times 10^{-3}$ m，则应取 $u = 0.25 \times 10^{-3}$ m。

测量值的保留位数与不确定度的保留位数相同，也就是说，测量值有效数字的末位和不确定度末位取齐。例如，用单摆测得某地重力加速度为：$g = (979.2 \pm 0.6)$ cm/s²。

【例1】使用 0~25 mm 的一级螺旋测微器 $\Delta = 0.004$ mm 测量钢球的直径 d（同一方位），测量数据如表 1-4-2 所示，求测量的结果 $\bar{d} \pm u_{\mathrm{C}}(\bar{d})$。

表 1-4-2　测量数据

测量序号	读数 x_1/mm	未读数 x_2/mm	直径 $d = (x_2 - x_1)$/mm
1	0.004	6.002	5.998
2	0.003	6.000	5.997
3	0.004	6.000	5.996
4	0.004	6.001	5.997
5	0.005	6.001	5.996
6	0.004	6.001	5.996
7	0.004	6.001	5.997
8	0.003	6.002	5.999
9	0.005	6.000	5.995
10	0.004	6.000	5.996

解：计算直径的算术平均值得 $\bar{d} = 5.996\ 7$ mm，计算平均值的标准偏差为：

$$S_{\mathrm{A}}(\bar{d}) = \frac{S(d)}{\sqrt{n}} = \sqrt{\frac{\sum\limits_{i=1}^{10}(d_i - \bar{d})^2}{n(n-1)}} = 0.003\ 7 \text{ mm}$$

仪器误差为均匀分布 $\Delta = 0.004$ mm，故 B 类不确定度为：$u_{\mathrm{B}}(x) = \Delta/\sqrt{3} = 0.002\ 31$ mm，合成不确定度为：$u_{\mathrm{C}}(\bar{d}) = \sqrt{u_{\mathrm{A}}^2(\bar{d}) + u_{\mathrm{B}}^2(\bar{d})} = 0.004\ 36$ mm，取 0.004 4 mm，测量结果为：$\bar{d} = \bar{d} \pm u_{\mathrm{C}}(\bar{d}) = (5.997 \pm 0.005)$ mm，相对误差为：

$$E = \frac{0.005}{5.997} \times 100\% = 0.083\%$$

【**例2**】用双棱镜测量光波波长的实验中，d_1，d_2，Δx 均由分度值为 0.01 mm 的测微目镜测出，D 由直尺测量。其中，$\overline{d_1}$ = 2.713 mm，$S(\overline{d_1})$ = 0.021 mm，D = 737.1 mm，n = 10，$\overline{d_2}$ = 0.711 mm，$S(\overline{d_2})$ = 0.002 mm，$\overline{\Delta x}$ = 3.168 mm，$S(\overline{\Delta x})$ = 0.010 mm。

解：因为 $\lambda = \dfrac{\sqrt{d_1 d_2}}{D} \dfrac{\Delta x}{n}$，由式 (1-4-4) 可得：

$$u_C^2(\lambda) = \left(\frac{\partial \lambda}{\partial d_1}\right)^2 u_C^2(d_1) + \left(\frac{\partial \lambda}{\partial d_2}\right)^2 u_C^2(d_2) + \left(\frac{\partial \lambda}{\partial D}\right)^2 u_C^2(D) + \left(\frac{\partial \lambda}{\partial \Delta x}\right)^2 u_C^2(\Delta x)$$

整理后得：

$$u_C(\lambda) = \lambda \left[\left(\frac{1}{2d_1}\right)^2 u_C^2(d_1) + \left(\frac{1}{2d_2}\right)^2 u_C^2(d_2) + \left(\frac{1}{D}\right)^2 u_C^2(D) + \left(\frac{1}{\Delta x}\right)^2 u_C^2(\Delta x)\right]^{1/2}$$

其中：

(1) d_1 的 A 类不确定度为：$u_A(\overline{d_1}) = S(\overline{d_1}) = 0.021$ mm，d_1 的 B 类由仪器误差引入的不确定度为：$u_B(\overline{d_1}) = 0.01/\sqrt{3}$ mm = 0.0058 mm，则：

$$u_C(d_1) = \sqrt{u_A^2(d_1) + u_B^2(d_1)} = \sqrt{0.021^2 + 0.0058^2} \text{ mm} = 0.022 \text{ mm}$$

(2) 同理，d_2 的 A 类不确定度为：$u_A(\overline{d_2}) = S(\overline{d_2}) = 0.002$ mm，d_2 的 B 类不确定度为：$u_B(\overline{d_2}) = 0.01/\sqrt{3}$ mm = 0.0058 mm，则：

$$u_C(d_2) = \sqrt{u_A^2(d_2) + u_B^2(d_2)} = \sqrt{0.002^2 + 0.0058^2} \text{ mm} = 0.0061 \text{ mm}$$

(3) Δx 的 A 类不确定度为：$u_A(\Delta x) = S(\Delta x) = 0.010$ mm，Δx 的 B 类不确定度为：$u_B(\Delta x) = 0.01/\sqrt{3}$ mm = 0.0058 mm，则：

$$u_C(\Delta x) = \sqrt{u_A^2(\Delta x) + u_B^2(\Delta x)} = \sqrt{0.010^2 + 0.0058^2} \text{ mm} = 0.012 \text{ mm}$$

(4) D 的 A 类不确定度为：$u_A(D)$ = 0，D 的 B 类不确定度为：$u_B(D) = 1/\sqrt{3}$ mm = 0.58 mm，则：

$$u_C(D) = \sqrt{u_A^2(D) + \sqrt{u_B^2(D)}} = \sqrt{0 + 0.58^2} \text{ mm} = 0.58 \text{ mm}$$

代入各数据可计算 $u_C(\lambda) = 2.336 \times 10^{-6}$ mm。

§1.5 数据处理的一般方法

在做完实验后，需要对实验中测量的数据进行计算、分析和整理，进行去粗取精、去伪存真的工作，从中得到最终的结论和找出实验的规律，这一过程称为数据处理。数据处理是实验工作中一个不可缺少的部分，下面介绍数据处理常用的几种方法。

一、列表法

列表法就是将一组实验数据中的自变量的各个数值依照一定的形式和顺序列成表格，或将任一组测量结果的多次测量值列成一适当的表格，以提高处理数据的效率，减少和避免错误，避免不必要的重复计算，利于计算和分析误差。**列表原则**如下。

(1)简单明了，分类清楚，便于看出数据间的关系，便于归纳处理。

(2)表格上方写上表格名称，在表内标题栏中注明物理量名称和单位，不要把单位写在数字后。

(3)数据应正确反映测量结果的有效数字。

(4)记录数据必须实事求是，切忌伪造或随意修改。

例如，用伏安法测量线性电阻时，得到的实验数据及运算结果如表1-5-1所示。

表1-5-1 伏安法测量线性电阻时的实验数据

U/V	1.00	2.00	3.00	4.00	5.00	6.00
I/mA	0.50	1.02	1.49	2.05	2.51	2.98
R/Ω	2 000.0	1 960.8	2 013.4	1 951.2	1 992.0	2 013.4

二、作图法

实验所揭示的物理量之间的关系，可以用函数关系式来表示，也可用几何图线来直观地表示。作图法就是在坐标纸上描绘出一系列数据间的对应关系，再寻找与图线对应的函数形式，通过图解方法确定函数表达式——经验公式。作图法是科学实验中最常用的一种数据处理方法。为了使图线能清楚地、定量地反映出物理现象的变化规律，并能准确地从图线上确物理量值的关系，所作的图应符合准确度要求，并要遵循一定的规则。**作图规则**如下。

(1)作图必须用坐标纸。

(2)坐标纸的最小分格应与实验数据的最后一位准确数字相当，图形的大小和位置应适当(横轴与纵轴交点的标度值不一定是零)。

(3)要标出坐标轴所代表的物理量的名称(或符号)和单位，标明分度值。

(4)描点和连线。根据测量数据，用削尖的铅笔在坐标图纸上用"+"或"×"标出各测量点，使各测量数据坐落在"+"或"×"的交叉点上。同一图上的不同曲线应当用不同的符号，如"×""+""⊙""△""□"等。连线要连成光滑的曲线或直线，不应强求通过每一个实验点，但应使曲线两旁的点分布均匀。

(5)在图下方写上图名，所标文字应当用仿宋体。

在实验中，许多函数关系可以通过适当的变换得到线性关系，即可把曲线改为直线，称为曲线改直。

例如，玻意耳定律 $pV = C$ 是个双曲线，图很不容易作好。但如以 p 为纵轴，$\dfrac{1}{V}$ 为横轴，作图为直线，斜率即为 C，则很容易求出。

又如，对匀加速直线运动有：$s = s_0 + v_0 t + \dfrac{1}{2}at^2$，式中 a、v_0、s_0 为常数。s 与 t 的关系为一条抛物线，若将函数改写为：$s = \dfrac{1}{2}a\left(t + \dfrac{v_0}{a}\right)^2 + \left(s_0 - \dfrac{v_0^2}{2a}\right)$，作 $s - \left(t + \dfrac{v_0}{a}\right)^2$ 函数图，则得到一条直线，其斜率为 $\dfrac{1}{2}a$，截距为 $s_0 - \dfrac{v_0^2}{2a}$。

几种常用的曲线改直函数关系如表1-5-2所示。

表 1-5-2　几种常用的曲线改直函数关系

函数	坐标	斜率	截距	坐标纸
$y = \dfrac{a}{x}$	$y - \dfrac{1}{x}$	a	0	直角
$y = ax^2 + b$	$y - x^2$	a	b	直角
$y = a\sqrt{x} + b$	$y - \sqrt{x}$	a	b	直角
$y = a^x b$	$\lg y - x$	$\lg a$	$\lg b$	单对数
$y = ax^b$	$\lg y - \lg x$	b	$\lg a$	双对数

三、逐差法

当两物理量的函数关系满足多项式的形式，自变量 x 等间距变化时，常用逐差法来处理数据。这种方法的优点是既能充分利用实验数据，又具有减小误差的效果。这里我们仅讨论一次逐差法，即线性函数的逐差法。具体做法是将测量得到的偶数组数据分成前后两组，将对应项分别相减，然后求平均值。

例如，在弹性限度内，弹簧的伸长量 x 与所受的载荷(拉力) F 大小满足线性关系 $F = kx$，实验时等差地改变载荷，测得一组实验数据，如表 1-5-3 所示。

表 1-5-3　弹簧伸长量测量数据

砝码质量/kg	1.000	2.000	3.000	4.000	5.000	6.000	7.000	8.000
弹簧伸长量/cm	x_1	x_2	x_3	x_4	x_5	x_6	x_7	x_8

求：每增加 1 kg 砝码弹簧的平均伸长量 Δx。

若不加思考进行逐项相减，很自然会采用下列公式计算，即：

$$\Delta x = \frac{1}{7}\left[(x_2 - x_1) + (x_3 - x_2) + \cdots + (x_8 - x_7)\right] = \frac{1}{7}(x_8 - x_1)$$

结果发现除 x_1 和 x_8 外，其他中间测量值都未用上，它与一次增加 7 个砝码的单次测量等价。若用多项间隔逐差，即将上述数据分成前后两组，前一组 (x_1, x_2, x_3, x_4)，后一组 (x_5, x_6, x_7, x_8)，然后对应项相减求平均，即：

$$\Delta x = \frac{1}{4 \times 4}\left[(x_5 - x_1) + (x_6 - x_2) + (x_7 - x_3) + (x_8 - x_4)\right]$$

这样全部测量数据都用上，保持了多次测量的优点，减少了随机误差，计算结果比前面的要准确些。逐差法计算简便，特别是在检查具有线性关系的数据时，可随时"逐差验证"，及时发现数据规律或错误数据。

四、最小二乘法

直线拟合求最佳经验公式的一种数据处理方法是最小二乘法(又称一元线性回归)，它可克服用作图法求直线公式时因绘制图线引入的误差，结果更精确，在科学实验中得到了广泛的应用。

1. 最小二乘法的理论基础

若两物理量 y、x 满足线性关系，并由实验等精度地测得一组实验数据 $(x_i, y_i, i = 1,$

$2，\cdots，n$），且假定实验误差主要出现在 y_i 上，设拟合直线公式为 $y = f(x)$，当所测各 y_i 值与拟合直线上各估计值 $f(x_i)$ 之间偏差的平方和，即 $s = \sum\limits_{i=1}^{n} [y_i - f(x_i)]^2$ 为最小值时，所得拟合公式即为最佳经验公式。

2. 用最小二乘法求最佳经验公式

设由实验数据求得最佳经验公式为 $f = a + bx$，根据最小二乘法原理，有：

$$s = \sum_{i=1}^{n} [y_i - (a + bx_i)]^2 = \min$$

使 s 为最小的条件是：$\dfrac{\partial s}{\partial a} = 0$，$\dfrac{\partial s}{\partial b} = 0$，$\dfrac{\partial^2 s}{\partial a^2} > 0$，$\dfrac{\partial^2 s}{\partial b^2} > 0$，由一阶微商为零得：

$$\left. \begin{array}{l} \dfrac{\partial s}{\partial a} = -2 \sum\limits_{i=1}^{n} (y_i - a - bx_i) = 0 \\[3mm] \dfrac{\partial s}{\partial b} = -2 \sum\limits_{i=1}^{n} (y_i - a - bx_i) x_i = 0 \end{array} \right\}$$

解得：

$$a = \frac{\sum\limits_{i=1}^{n} x_i \sum\limits_{i=1}^{n} (x_i y_i) - \sum\limits_{i=1}^{n} x_i^2 \sum\limits_{i=1}^{n} y_i}{\left(\sum\limits_{i=1}^{n} x_i \right)^2 - n \sum\limits_{i=1}^{n} x_i^2} \tag{1-5-1}$$

$$b = \frac{\sum\limits_{i=1}^{n} x_i \sum\limits_{i=1}^{n} y_i - n \sum\limits_{i=1}^{n} (x_i y_i)}{\left(\sum\limits_{i=1}^{n} x_i \right)^2 - n \sum\limits_{i=1}^{n} x_i^2} \tag{1-5-2}$$

令 $\bar{x} = \dfrac{1}{n} \sum\limits_{i=1}^{n} x_i$，$\bar{y} = \dfrac{1}{n} \sum\limits_{i=1}^{n} y_i$，$\bar{x}^2 = \left(\dfrac{1}{n} \sum\limits_{i=1}^{n} x_i \right)^2$，$\overline{x^2} = \dfrac{1}{n} \sum\limits_{i=1}^{n} x_i^2$，$\overline{xy} = \dfrac{1}{n} \sum\limits_{i=1}^{n} (x_i y_i)$，则：

$$a = \bar{y} - b\bar{x} \tag{1-5-3}$$

$$b = \frac{\bar{x} \cdot \bar{y} - \overline{xy}}{\bar{x}^2 - \overline{x^2}} \tag{1-5-4}$$

如果实验是在已知 y 和 x 满足线性关系下进行的，那么用上述最小二乘法线性拟合可解得斜率 a 和截距 b，从而得出回归方程 $y = a + bx$。如果实验是要通过对 x、y 的测量来寻找经验公式，则还应判断由上述线性拟合所确定的线性回归方程是否恰当。可用下列相关系数 r 来判别，有：

$$r = \frac{\overline{xy} - \bar{x} \cdot \bar{y}}{\sqrt{(\overline{x^2} - \bar{x}^2)(\overline{y^2} - \bar{y}^2)}} \tag{1-5-5}$$

其中，$\overline{y^2} = \dfrac{1}{n} \sum\limits_{i=1}^{n} y_i^2$，$\bar{y}^2 = \left(\dfrac{1}{n} \sum\limits_{i=1}^{n} y_i \right)^2$。$r$ 表示两变量之间的函数关系与线性的符合程度，$r \in [-1, 1]$，r 绝对值越接近于 1，x 和 y 的线性关系越好；如果 r 接近于 0，可以认为 x 和 y 之间不存在线性关系。物理实验中，r 的绝对值如能达到 0.999 以上（3 个 9 以上），就表示实验数据线性良好。用直线拟合法处理数据时一定要计算相关系数。

第 2 章

力学实验

§2.1　基本测量

均匀物质单位体积的质量称为密度。密度是物质的基本特性之一，它与物质的纯度无关。

【实验目的】

(1)熟悉物理天平、游标卡尺、螺旋测微器的结构原理，掌握其使用方法。

(2)掌握有效数字和误差的概念及计算方法。

(3)掌握规则和不规则的物体密度的测量。

【实验仪器】

游标卡尺，螺旋测微器，钢卷尺，量筒，物理天平，不锈钢圆环，鹅卵石等。

【实验原理】

若一个物体的质量为 m，体积为 V，密度为 ρ，则按密度的定义有：

$$\rho = \frac{m}{V} \tag{2-1-1}$$

可见，通过测定 m 和 V 可求出 ρ，m 可用物理天平称量，而物体体积则可根据实际情况，采用不同的测量方法。对于形状规则的物体，可根据对体积测量精度的要求，选用相应的测长仪器，分别测出各几何尺寸后，利用求积公式计算出它的体积。对于形状不规则的物体，可用排水法测量其体积，从而计算出它的密度。

长度是最基本的物理量之一，测量长度的常用仪器有直尺、游标卡尺、螺旋测微器等。这些仪器的主要指标有量程和分度值，量程是指仪器所能测量的范围，分度值(也叫精度)表示仪器所能准确读出的最小的数值，通常要根据测量不同的长度范围和不同的要求，选择不同的长度测量仪器。

1. 游标卡尺

普通测长度的尺子其准确度有一定的局限性，主要是由于其分度值较大。例如直尺的分度值为 1 mm 且不能更小，否则，刻度线太密将无法区分。

为此，在主尺上装一个能够沿主尺滑动的带有刻度的副尺，称为游标，这样的装置称为游标卡尺。游标卡尺的结构如图 2-1-1 所示。主尺 D 是一根钢制的毫米分度尺，主尺头上附有钳口 A 和刀口 A′，游标 E 上附有钳口 B、刀口 B′和尾尺 C，可沿主尺滑动。螺栓 F 可将游标固定在主尺上，当钳口 A、B 密接时，则刀口 A′、B′对齐，尾尺和主尺尾部也对齐，主尺上的"0"线与游标上的"0"线重合。钳口 A、B 用来测量物体的长度及外径，刀口 A′、B′用来测量物体的内径，而尾尺则用来测量物体的深度。测量时，游标的"0"线与主尺的"0"线之间的距离等于所测的长度。

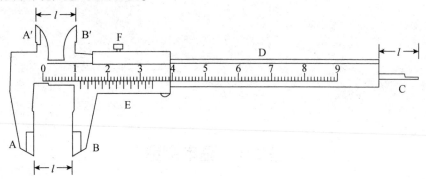

A、B—钳口；A′、B′—刀口；C—尾尺；D—主尺；E—游标；F—螺栓。

图 2-1-1　游标卡尺的结构

游标卡尺的规格有多种，其精密程度各不相同，但不论哪一种，它的原理和读数方法都是一样的。常用游标卡尺的设计：在游标上刻有 m 个分格，这 m 个分格的总长正好与主尺上 $(m-1)$ 个分格的总长相等，如果用 y 表示主尺上最小分格的长度，x 表示游标上每一分格的长度，则 $(m-1)y = mx$。所以，主尺与游标上每个分格长度的差值是：$y - x = \dfrac{y}{m}$。

通常主尺最小分格 y 都为 1 mm，因此，游标的分格数越多，分度值就越小，卡尺的精密度就越高。常用的游标卡尺的分度值有 0.1 mm、0.02 mm、0.05 mm 三种。若：$y = 1$ mm，$m = 10$，则 $\dfrac{y}{m} = 0.1$ mm；$y = 1$ mm，$m = 50$，则 $\dfrac{y}{m} = 0.02$ mm。

利用游标卡尺测物体的长度时，把物体放于钳口之间，游标右移。游标"0"线对准主尺上某一位置，被测物体的长度的毫米以上整数部分 l_0 可以从主尺上直接读出，毫米以下部分 Δl 从副尺上读出，如果是游标的第 n 条分度线（游标的最小分格为 x）与主尺上某一刻度线对齐，则：

$$\Delta l = ny - nx = n(y - x) = n\frac{y}{m}$$

则物体的长度为：

$$l = l_0 + \Delta l = l_0 + n\frac{y}{m} \tag{2-1-2}$$

例如：如图 2-1-2 所示，$l_0 = 16$ mm，$n = 13$，$y = 1$ mm，$m = 50$，$\dfrac{y}{m} = 0.02$ mm，则：

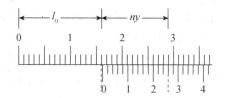

图 2-1-2　游标卡尺的读数

$$l = l_0 + n \frac{y}{m}$$

$$= (16 + 13 \times 0.02)\,\text{mm}$$

$$= 16.26\,\text{mm}$$

使用游标卡尺时应注意以下内容。

（1）使用前，应该先将游标卡尺的卡口合拢，检查游标的"0"线和主尺的"0"线是否对齐。若对不齐说明卡口有零误差，应记下零点读数，即测量值 l =未作零点修正的读数值 l_i -零点读数 l_0 ，其中 l_0 可正可负。

（2）推动游标刻度尺时，不要用力过猛，卡住被测物体时松紧应适当，更不能卡住物体后再移动物体，以防卡口受损。用外测量爪测量时应用尖端去测，不要用靠近主尺的位置去测量。游标卡尺**没有估读**。

（3）用完后两卡口要留有间隙，然后将游标卡尺放入包装盒内，不能随便放在桌上，更不能放在潮湿的地方。

2. 螺旋测微器

螺旋测微器又叫千分尺，是比游标卡尺更精密的长度测量仪器，多用于测量小球和金属丝的直径或平板厚度。常用的一种螺旋测微器测量范围为 0～25 mm，分度值为 0.01 mm。螺旋测微器的结构如图 2-1-3 所示，A 为测砧，F 为测微螺杆，螺距为 0.5 mm，螺杆后端与活动套管 E、棘轮 D 相连接。活动套管每旋转一周，测微螺杆就沿轴线方向前进或后退一个螺距（0.5 mm），此距离在固定套管 B 的标尺上显示为一个分格。在活动套管的周围边缘上刻有 50 个等分刻度，活动套管旋转一个刻度，螺杆就前进或后退 $\frac{0.5}{50}$ mm = 0.01 mm，因此，螺旋测微器的分度值是 0.01 mm，即螺旋测微器能精确地读到 0.01 mm，可估读到 0.001 mm。

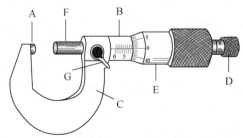

A—测砧；B—固定套管；C—框架；D—棘轮；E—活动套管；F—测微螺杆；G—锁紧装置。

图 2-1-3　螺旋测微器的结构

使用螺旋测微器时应注意以下内容。

（1）螺旋测微器通常有零点误差，测量前应先记录零点读数，以便对测量值作零点修正。方法是：轻轻旋转棘轮直到听到"咔咔"响声，表明测微螺杆和测砧已经相接，检查主尺基线与副尺零线是否对齐，如没对齐，应记下这个差数，称之为零点读数，测量值应加以修正，即测量值 = 未作零点修正的读数值 − 零点读数，零点读数可正可负，若副尺零线在主尺基线的下方，则取正值；反之取负值。

（2）在记录零点或将待测物体夹紧测量时，应该轻轻转动棘轮，只要听到"咔咔"声，就可以读数了。当测微螺杆接近待测物时就不要直接旋转活动套管了，以免夹得太紧，影响测量结果并损坏仪器。读数时注意**半刻度**的位置，并且**要估读**。

（3）测量完毕，应在测砧间留下间隙，避免因热膨胀而损坏螺纹。

3. 物理天平

物理天平的结构如图 2-1-4 所示，其操作步骤如下。

（1）水平调节：使用天平时，首先调节天平底座下两个螺钉 L_1、L_2，使水准仪中的气泡位于圆圈线的中央位置。

（2）零点调节：天平空载时，将游动砝码拨到左端点，与 0 刻度线对齐。两端秤盘悬挂在刀口上顺时针方向旋转制动旋钮 Q，启动天平，观察天平是否平衡。当指针在刻度尺 S 上来回摆动，左右摆幅近似相等时，便可认为天平达到了平衡。如果不平衡，逆时针方向旋转制动旋钮 Q，使天平制动，调节横梁两端的平衡螺母 B_1、B_2，再用前面的方法判断天平是否处于平衡状态，直至达到空载平衡为止。

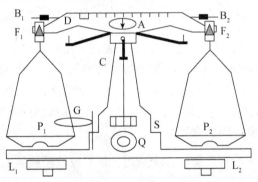

图 2-1-4　物理天平的结构

（3）称量（**左物右码**）：把待测物体放在左盘中，右砝码盘中放置砝码，轻轻右旋制动旋钮使天平启动，观察天平向哪边倾斜，立即反向旋转制动旋钮，使天平制动，酌情增减砝码，再启动，观察天平倾斜情况。如此反复调整，直到天平能够左右对称摆动。然后调节游动砝码，使天平达到平衡，此时砝码盘里的砝码加上游动砝码的质量就是待测物体的质量。称量时选择砝码应由大到小，逐个试用，直到最后利用游动砝码使天平平衡。

【实验内容与步骤】

（1）熟悉物理天平、游标卡尺、螺旋测微器的构造、读数原理及使用方法。

（2）不锈钢圆环各参数的测量。用**游标卡尺**测不锈钢圆环的**内径**、**外径**和**高**，在不同位置各测量 4 次，用游标卡尺的外测量爪（钳口）测量圆环的外径和高，内测量爪（刀口）测量内径，将数据填入表 2-1-1 中。用**螺旋测微器**测量圆环的厚度，用圆环的内外径来计算厚度，并对比测量结果，将数据填入表 2-1-1 中。用物理天平测量圆环质量，将数据填入表 2-1-1 中。

（3）鹅卵石各参数的测量。用物理天平多次测量鹅卵石的质量，在测体积之前（干燥时）测量，将数据填入表 2-1-2 中；用量筒测量鹅卵石进入前后的水面的读数，前后变化的体积即为鹅卵石的体积大小，读数注意估读，将数据填入表 2-1-2 中。

（4）将各数据换算成国际单位之后的数值代入公式计算，注意各单位间的换算。圆环体积公式：$V = \pi(r_1^2 - r_2^2)h = \frac{1}{4}\pi(d_1^2 - d_2^2)h$，$d_1$ 为外径，d_2 为内径，h 为高。

【数据记录与处理】

表 2-1-1　不锈钢圆环参数测量

项目	外径 d_1/mm	内径 d_2/mm	高 h/mm	厚度 Δd/mm	质量 $m_{圆环}$/g
1					
2					
3					
4					
平均值					

表 2-1-2　鹅卵石参数测量

项目	质量 $m_石$/g			平均值	量筒液面读数/mL	鹅卵石进入之后的量筒读数/mL	鹅卵石体积/mL
	1	2	3				
测量结果							

按照密度公式分别求圆环和鹅卵石的密度，并计算圆环密度的算术平均偏差［参照式（1-3-5）］。

【注意事项】

（1）按照各测量工具的读数规则记录数据，游标卡尺不估读，其他的测量工具读数需要估读。

（2）量筒使用完之后把里面的水擦干。

（3）使用螺旋测微器测量时，注意记录仪器的零点误差。

（4）加砝码时天平应处于制动状态，砝码从大到小逐个试用，加完砝码后旋转制动旋钮，仔细观察，逐步调节。

【思考题】

（1）何谓仪器的分度值？直尺、20 分度游标卡尺和螺旋测微器的分度值各为多少？

（2）游标卡尺为什么能够比直尺精确？用什么方法读出毫米以下的读数？

（3）螺旋测微器的读数分别为 8.832 mm 与 8.332 mm 时，仪器的状态有何不同？

（4）试分析造成本实验误差的主要原因。

§2.2 重力加速度的测量

同一个摆摆动的快慢是一定的，其摆动的周期不因摆角而变化，与摆线长短、重力加速度有关，因此可以用来计时。重力加速度是物理学中一个重要参数，其数值大小会随着纬度和海拔高度不同而略有差异。

2.2.1 用单摆测重力加速度

【实验目的】

(1)掌握用单摆法测量重力加速度的方法，加深对简谐运动规律的认识。

(2)学习多功能毫秒仪、集成开关霍尔传感器的使用。

(3)学习用图解法处理数据。

【实验仪器】

多功能毫秒仪，集成开关霍尔传感器，钢卷尺，游标卡尺，新单摆实验仪。

【实验原理】

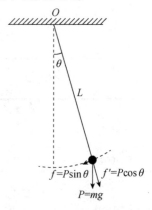

图 2-2-1 单摆的受力分析

一根不能伸缩的细线，上端固定，下端悬挂一个金属小球，当细线质量比小球质量小很多，而且球的直径又比细线的长度小很多时，就可以把小球看作一个不计细线质量的质点。如果把悬挂的小球(摆球)自平衡位置拉至一边(保持摆角 $\theta < 5°$)，然后释放，摆球即在平衡位置左右作周期性摆动，这种装置称为单摆，如图 2-2-1 所示。

摆球所受的力 f 是重力 P 和绳子张力的合力，指向平衡位置。当摆角很小时($\theta < 5°$)，圆弧可以近似看成直线，合力 f 的方向也可以近似地看作沿着这一直线。设小球的质量为 m，其质心到摆的支点的距离为 L(摆长)，小球位移为 x，则：

$$\sin \theta \approx \frac{x}{L} \tag{2-2-1}$$

$$f = P\sin \theta = -mg\frac{x}{L} = -m\frac{g}{L}x$$

由

$$f = ma$$

可得：

$$a = -\frac{g}{L}x \tag{2-2-2}$$

由式(2-2-2)可知单摆在摆角很小时，质点的运动可以近似地看作简谐振动。简谐振动的动力学方程可归结为：

$$\frac{\mathrm{d}^2 x}{\mathrm{d}t^2} + \omega^2 x = 0$$

即：

$$a = -\omega^2 x \tag{2-2-3}$$

比较式(2-2-2)和式(2-2-3)，可得单摆简谐振动的圆频率为：$\omega = \sqrt{\dfrac{g}{L}}$，于是单摆的

运动周期为：

$$T = \frac{2\pi}{\omega} = 2\pi\sqrt{\frac{L}{g}}$$

两边平方，有：

$$T^2 = 4\pi^2 \frac{L}{g}$$

即：

$$g = 4\pi^2 \frac{L}{T^2} \tag{2-2-4}$$

若测得 L、T，代入式 (2-2-4)，即可求得当地的重力加速度 g。若测出不同摆长 L_i 下的周期 T_i，作 $T_i^2 - L_i$ 图线，由直线的斜率可求出当地的重力加速度 g。

实验时，测量一个周期的相对误差较大，一般是测量连续摆动 N 个周期的时间 t，则 $T = \frac{t}{N}$，因此有：

$$g = 4\pi^2 \frac{N^2 L}{t^2} \tag{2-2-5}$$

式中的 N 不考虑误差，因此上式的误差传递公式为：$\frac{\Delta g}{g} = \frac{\Delta L}{L} + 2\frac{\Delta t}{t}$。可以看出，在 ΔL、Δt 大体一定的情况下，增大 L 和 t 对测量 g 有利。

本实验采用 A44E 型集成开关霍尔传感器（简称：霍尔开关）与 MS-1 多功能毫秒仪实现自动计数计时。霍尔传感器法实验装置如图 2-2-2 所示，红线连接 +5 V 接线柱、黑线连接 GND 接线柱、黄线接 INPUT 接线柱。在小球的正下方放一个小磁铁，调节霍尔开关的位置，使霍尔开关恰好在小球铅直位置时小磁铁的正下方。当小磁铁随小球从霍尔开关上方经过时，会使集成霍尔开关输出一个由高电平向低电平的跳变信号、低电平信号和由低电平向高电平的跳变信号。其中由高电平向低电平的跳变信号使 MS-1 多功能毫秒仪开始计时，之后自动记录小磁铁经过霍尔开关次数，如记录的次数和计时器面板上预置的次数一样，则该信号便是计时器停止计时的信号。计时器锁存和显示计时数。

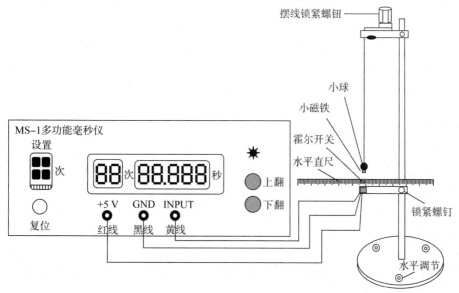

图 2-2-2　霍尔传感器法实验装置

【实验内容与步骤】

（1）测量摆长 L。用钢直尺测量摆线长度 l，游标卡尺测量摆球直径 D，分别测量 5 次，将数据记入表 2-2-1 中，摆长 $L = l + \dfrac{D}{2}$，摆长应大于 30.00 mm。

（2）测量单摆摆动周期 T。在霍尔传感器法实验装置上拉开摆球，然后放手，使摆球在竖直平面内作小角度（摆角 $\theta < 5°$）摆动，用停表测出单摆摆动 $N = 30$ 个周期所需要的时间 t（30T），重复测量 5 次（测量次数 N 的取值可自行选取），将数据记入表 2-2-1 中。

（3）按式（2-2-5）计算 g 值，并求出算术平均偏差 Δg。

（4）取摆长分别约等于 35.00 cm、30.00 cm、25.00 cm、20.00 cm、15.00 cm（注意估读），测出与各摆长对应的 N 个周期的时间，将数据记入表 2-2-2 中。

（5）用图解法处理数据。以 T^2 为纵坐标，L 为横坐标，作 $T^2 - L$ 图线，用图解法求出直线的斜率，并由此求出 g。

【数据记录与处理】

表 2-2-1　同一个线长下测量 5 组数据（线长大于 30.00 cm）

项目	1	2	3	4	5	平均值
线长 l/cm						
摆球直径 D/cm						
摆长 $L = l + (D/2)$/cm						
时间 $t = 30T$/s						
周期 T/s						

计算平均值 $\bar{g}$ 和算术平均偏差 Δg。

其中：$\Delta g = \dfrac{1}{n}(\,|\,g_1 - \bar{g}\,| + |\,g_2 - \bar{g}\,| + \cdots + |\,g_n - \bar{g}\,|\,) = \dfrac{1}{n}\sum\limits_{i=1}^{n} |\,g_i - \bar{g}\,|$。

表 2-2-2　5 个不同的线长下进行测量（线长尽量满足递增关系）

项目	1	2	3	4	5
线长 l/cm					
摆长 $L = l + (D/2)$/cm					
时间 $t = 30T$/s					
周期 T/s					
周期 T^2/s^2					

用图解法处理数据：作 $T^2 - L$ 图线（理论上应为一条直线），求出其斜率 k，由 $k = \dfrac{4\pi^2}{g}$ 便可求出 g 值。与本地区公认值 $g_{标}$ 相比较，如南宁地区的重力加速度为 $g_{标} = 9.787\,6\ \text{m/s}^2$，求出相对误差：$E_g = \dfrac{|\,g - g_{标}\,|}{g_{标}} \times 100\%$。

【注意事项】

(1)测摆长时不要把装置顶端的贴片厚度算进来，读数要估读。

(2)静止时摆球下的小磁铁应处于水平直尺上传感器的正上方，距离不能超过
5.00 mm。

(3)摆动时小球的轨迹是直线而不是椭圆，避免形成"锥摆"。

(4)摆动时满足摆角 $\theta < 5°$，x 为摆动的弧长，L 为摆长，摆角为 θ，有 $x = \dfrac{2\pi\theta L}{360} \approx \dfrac{L}{12}$。

(5)摆动时一定要保证支架稳定不晃动。

【思考题】

(1)公式 $g = 4\pi^2 \dfrac{L}{T^2}$ 成立的条件是什么？在实验中如何保证这一条件的实现？

(2)测量单摆周期一般都是连续测量 N 个周期，而不是只测一个周期，为什么？

(3)从 g 的相对误差公式分析，影响测量误差的主要因素是什么？若摆长改为 10.00 cm
（甚至 5.00 cm），会产生什么影响？

2.2.2　在气垫导轨上测量重力加速度

【实验目的】

(1)熟悉气垫导轨的调整和数字毫秒计时器的使用。

(2)学习在气垫导轨上测量物体速度和重力加速度的方法。

【实验仪器】

气垫导轨，滑块(两块)，数字毫秒计时器，气源，游标卡尺，垫块若干。

【实验原理】

1. 重力加速度的测定

若将气垫导轨调整为具有一倾角 θ，如图 2-2-3 所示，沿斜面下滑的物体，其加速
度为：

$$a = g\sin\theta \tag{2-2-6}$$

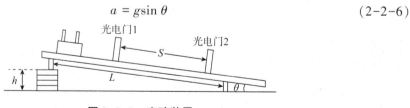

图 2-2-3　实验装置

故：

$$g = \frac{a}{\sin\theta} = \frac{a}{h}L \tag{2-2-7}$$

$$\sin\theta = \frac{h}{L} \tag{2-2-8}$$

若测出物体经过光电门 1 和光电门 2 时的瞬时速度分别为 v_1 和 v_2，由匀变速直线运动

公式 $v_2^2 = v_1^2 + 2aS$，可得：

$$a = \frac{v_2^2 - v_1^2}{2S} \qquad (2\text{-}2\text{-}9)$$

再测出 h 和 L，代入式(2-2-7)，即可测定重力加速度 g 的值。

2. 气流阻力影响的消除

物体在气垫导轨上运动，可将滑动摩擦阻力减到十分微小，但是垂直于物体运动方向喷出的压缩气流，对运动物体仍有些阻力作用。在测量重力加速度 g 时，可采用使物体在导轨组成的斜面上作下滑与上滑运动的组合测量，以消除这种阻力的影响。

设物体在倾斜导轨上运动时，由重力沿斜面方向的分力和气流阻力作用所获得的加速度分别为 a 和 a_f。由于阻力方向总和运动方向相反，所以在下滑时，阻力和重力沿斜面分力方向相反，合加速度大小为 $a_下 = a - a_f$。相反在上滑时，阻力与重力沿斜面分力方向相同，所以合加速度大小为 $a_上 = a + a_f$。联立上两式，可得：

$$a = \frac{a_上 + a_下}{2} \qquad (2\text{-}2\text{-}10)$$

这样就可以消除 a_f 的影响。由实验测出 $a_上$、$a_下$，按式(2-2-10)求出 a，再代入式(2-2-7)，即可得出 g。

【实验内容与步骤】

(1)调节气垫导轨水平，将实验前的相关数据填入表2-2-3。

(2)重力加速度 g 的测量。

①将两光电门分别置于导轨上有一定间隔的 1 和 2 处。

②如图2-2-4所示，多次取同宽度的挡光板 Δl，取 $\Delta l = b_1 + b_2$ 或 $\Delta l = b_3 - b_4$。

③在单脚螺钉下垫入两个垫块，使导轨倾斜一角度 θ，在每一高度下让滑块从斜面顶端某一固定位置处，由静止释放，自由下滑，分别测出滑块下滑时，挡光板通过 1 和 2 处光电门的时间 $\Delta t_{1下}$、$\Delta t_{2下}$ 和滑块反弹回来上滑时通过 2 和 1 的时间 $\Delta t_{2上}$、$\Delta t_{1上}$。斜面 L 的距离即导轨底座两端的支点螺丝间的距离。调整垫块高度为 h_1 和 h_2，将测量的数据填入表2-2-4。

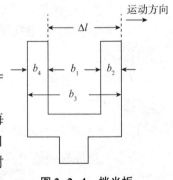

图 2-2-4　挡光板

【数据记录与处理】

1. 重力加速度 g 的测量

表 2-2-3　实验前的相关数据记录

项目	垫片的高度 h/cm	挡光板 Δl/cm	导轨前后驻点的 距离 L/cm	两光电门之间的距离 S/cm
1				
2				
3				

表 2-2-4　导轨上下滑动时的数据记录

项目	高度为 h_1 时				高度为 h_2 时			
	$\Delta t_{1下}/\text{s}$	$\Delta t_{2下}/\text{s}$	$\Delta t_{1上}/\text{s}$	$\Delta t_{2上}/\text{s}$	$\Delta t_{1下}/\text{s}$	$\Delta t_{2下}/\text{s}$	$\Delta t_{1上}/\text{s}$	$\Delta t_{2上}/\text{s}$
1								
2								
3								
4								
平均值								

2. 重力加速度 g 的计算

(1) 算出每一高度各 $\overline{\Delta t_上}$，$\overline{\Delta t_下}$ 及相应的 $\overline{a_上}$，$\overline{a_下}$，由 $a = \dfrac{\overline{a_上} + \overline{a_下}}{2}$ 算每一高度下的 $\overline{a}$；

(2) 根据 $g = \dfrac{a}{h}L$，分别算出 h_1 和 h_2 下的 g_1 和 g_2；

(3) 与本地区公认值 $g_标$ 相比较，求出相对误差 $E_g = \dfrac{|\overline{g} - g_标|}{g_标} \times 100\%$。

【注意事项】

(1) 滑块的内表面经过精密加工，光洁度较高。在气垫导轨未通气时不能将滑块放在导轨上移动，以免划伤和碰坏，更要防止滑块跌落地面而损坏。

(2) 气源电机容易发热，使用时间不宜过长，也不能时开时关。测量时做好一切准备。

(3) 数字毫秒计时器使用前，应先弄清板上各插孔及旋钮的作用。

(4) 实验完毕应给导轨套上塑料防尘装置，以免灰尘或污物沾染。

【思考题】

(1) 如何调节与判断导轨水平?

(2) 气垫导轨上如何测量重力加速度，如何消除阻力的影响?

(3) 实验中如何验证匀变速直线运动?

(4) 测量时为什么滑块每次都要从导轨顶端固定点滑下?

§2.3 牛顿第二定律的验证

牛顿在 1687 年于《自然哲学的数学原理》一书中提出的牛顿三大运动定律，阐述了经典力学中基本的运动规律。牛顿第二定律实验是物理中的一个很基础、必要的验证性实验，涉及检验一个物理定律或规律的基本途径和方法。

【实验目的】

(1)熟悉气垫导轨的构造，掌握正确的使用方法。
(2)熟悉数字毫秒计时器的工作原理，学会用数字毫秒计时器测量短暂时间的方法。
(3)学会测量物体的速度和加速度。
(4)验证牛顿第二定律。

【实验仪器】

气垫导轨，气源，数字毫秒计时器，游标卡尺，物理天平，砝码及托盘等。

【实验原理】

牛顿第二定律的表达式为：

$$F = Ma \tag{2-3-1}$$

式中，F 为系统所受到的合外力；M 为系统总质量；a 为系统的加速度。当系统的总质量 M 一定时，滑块的加速度 a 随着 F 的加大而增大，且有：$\dfrac{F_1}{a_1} = \dfrac{F_2}{a_2} = \cdots = 常数 = M$，表明当系统总质量不变时，物体运动的加速度与其所受的合外力成正比。如果滑块所受的合外力不变，则滑块运动的加速度与系统总质量成反比，即 $a_1 M_1 = a_2 M_2 = \cdots = 常数 = F$。

本实验可以作以下验证：
(1)验证 M 一定时，a 与 F 成正比；
(2)验证 F 一定时，a 与 M 成反比。

滑块和砝码相连挂在滑轮上，由砝码盘、滑块、砝码和滑轮组成的这一系统，其系统所受到的合外力大小等于砝码(包括砝码盘)的重力 G 减去阻力，在本实验中阻力可忽略，因此砝码的重力 G 就等于作用在系统上合外力 F 的大小。系统的质量 M 就等于所加砝码质量 m_1、滑块的质量 m_2 和滑轮的折合质量 $\dfrac{I}{r^2}$ 的总和，忽略滑块与导轨之间的粘性阻力和滑轮的摩擦阻力，按牛顿第二定律，有：

$$F = \left(m_1 + m_2 + \frac{I}{r^2} \right) a \tag{2-3-2}$$

由于折合质量 $\dfrac{I}{r^2}$ 相对于 $(m_1 + m_2)$ 而言很小，故在实际实验中可以忽略，于是，式(2-3-2)可近似写成：

$$F = (m_1 + m_2) a \tag{2-3-3}$$

实验装置如图 2-3-1 所示，在导轨上相距 S 的两处放置两光电门 1 和 2，测出此系统在砝码重力作用下滑块通过两光电门和速度 v_1 和 v_2，滑块从 1 运动到 2 所用的时间为 Δt，则

系统的加速度 a 等于：

$$a = \frac{v_2 - v_1}{\Delta t} \tag{2-3-4}$$

在滑块上放置 U 形挡光片，假设滑块经过 1 时计时器记录的时间为 t_1，经过 2 时计时器记录的时间为 t_2，则有：

$$v_1 = \frac{d}{t_1}, \ v_2 = \frac{d}{t_2}$$

式中，d 为挡光片的宽度。但是，由于 d 较窄，所以在 d 范围内，滑块的速度变化比较小，可把平均速度看成滑块上挡光片经过两光电门时的瞬时速度。t 越小（相应的遮光片宽度 d 也越窄），则平均速度越能准确地反映滑块在该时刻运动的瞬时速度。

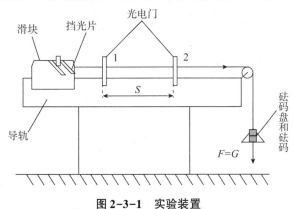

图 2-3-1　实验装置

需要说明的是，计时器中记录的滑块经过光电门运动距离 d 所用的时间才是本实验中的直接测量量，式（2-3-4）中的速度（即 v_1 和 v_2）和加速度虽然都可以直接从计时器上读出，但都是间接测量量。

【实验内容与步骤】

1. 验证 M 一定时，a 与 F 成正比

（1）打开数字毫秒计时器，选择"加速度"挡，将细尼龙线的一端接在滑块上，另一端绕过滑轮后悬挂一砝码盘，先把所有砝码放在滑块上，并将滑块置于第一个光电门外侧，使挡光片距离第一个光电门约 20 cm 处，松开滑块，测出滑块通过两个光电门的时间 t_1 和 t_2，以及滑块从第一个光电门到第二个光电门的时间 Δt，然后按数字毫秒计时器面板上的"转换"键，分别记录 v_1、v_2（其中 $v_1 = \frac{d}{t_1}$，$v_2 = \frac{d}{t_2}$）和加速度 a。将数据记录于表 2-3-1 中。

（2）逐次从滑块上取下砝码加到砝码盘上，重复上述的测量。

（3）从上述测量中任意抽取 5 组数据，计算出不同的作用力下的加速度与作用力的比值，若比值很接近，说明 a 与 F 成正比。

2. 验证 F 一定时，a 与 M 成反比

（1）打开数字毫秒计时器，选择"加速度"挡，将细尼龙线的一端接在滑块上，另一端绕过滑轮后悬挂到一个装有一定量砝码的砝码盘上，将滑块置于第一个光电门外侧，使挡光片

距离第一个光电门约 20 cm 处，松开滑块，测出滑块通过两个光电门的时间 t_1 和 t_2，以及滑块从第一个光电门到第二个光电门的时间 Δt，然后按数字毫秒计时器面板上的"转换"键，分别记录 v_1、v_2 和加速度 a。将数据记录于表 2-3-2 中。

（2）逐次改变滑块的质量（通过改变配重），重复上述的测量。

（3）从上述测量中任意抽取 5 组数据，计算出相同的作用力下的加速度与系统总质量的乘积，若乘积很接近，说明 a 与 M 成反比。

【数据记录与处理】

挡光片的挡光距离：$d =$ _____ cm；滑块的质量 $m_2 =$ _____ kg。

表 2-3-1　总质量 M 一定

次数	砝码质量 m_1/g	光电门1 t_1/ms	光电门2 t_2/ms	两光电门 Δt/ms	速度 v_1 /(cm·s^{-1})	速度 v_2 /(cm·s^{-1})	加速度 a /(cm·s^{-2})
1							
2							
3							
4							
5							

表 2-3-2　合外力 F 一定

次数	滑块和砝码总质量 M/g	光电门1 t_1/ms	光电门2 t_2/ms	两光电门 Δt/ms	速度 v_1 /(cm·s^{-1})	速度 v_2 /(cm·s^{-1})	加速度 a /(cm·s^{-2})
1							
2							
3							
4							
5							

【注意事项】

（1）防止碰伤轨面和滑块。轨面和滑块之间只有不到 0.2 mm 的间隙，如果轨面和滑块内表面被碰伤或变形，则可能出现接触摩擦使阻力显著增大；气轨不供气时，不要在轨上推动滑块。

（2）检查轨面喷气孔是否堵塞。给导轨通气，用小薄纸条逐一检查气孔，发现堵塞要用细钢丝通一下；使用前可用沾了少许酒精的纱布擦拭轨面及滑块的内表面。

（3）选择合适的挡光片，并检查计时器是否正常。将计时器与光电门连接好，要注意套管插头和插孔要正确插入。将两光电门按在导轨上，第一次挡光开始计时，第二次挡光停止计时，就说明计时器能正常工作；将挡光片放在滑块上，再把滑块置于导轨上。

（4）实验后取下滑块，盖上布罩。

【思考题】

（1）式(2-3-2)中的质量 M 应该包括哪些物体的质量？作用在滑块上的作用力 F 是由什么力产生的？

（2）在验证质量恒定、物体的加速度与合外力成正比时，为什么把实验过程中的砝码放到滑块上？

（3）实验中如果导轨未调平，对验证牛顿第二定律有何影响？

（4）你能否提出验证牛顿第二定律的其他方案？

§2.4 碰撞实验

【实验目的】

(1)在弹性碰撞和完全非弹性碰撞两种情形下验证动量守恒定律。

(2)学习使用气垫导轨和数字毫秒计时器。

(3)了解弹性碰撞和完全非弹性碰撞的特点。

【实验仪器】

气垫导轨，滑块，光电门，挡光片，数字毫秒计时器，游标卡尺，尼龙粘胶扣。

【实验原理】

动量守恒定律指出：若一个系统不受力或受到的合外力等于零，则该系统的总动量(包括方向和大小)保持不变。即总动量：

$$p = \sum_{i=1}^{n} m_i v_i = 恒量 \tag{2-4-1}$$

式中，m_i 和 v_i 分别是系统中第 i 个物体的质量和速度；n 是组成该系统的物体的个数。若系统所受合外力在某一方向的分量为零，则此系统在该方向的总动量守恒。

本实验研究两个滑块在水平的气垫导轨上沿一直线碰撞的情况，如图2-4-1所示。水平气轨上滑块的运动可近似看作无摩擦阻力的，且空气阻力及黏滞力可忽略不计，则两个滑块所组成的系统在水平方向上除了受到碰撞时彼此相互作用的内力外，不受其他合外力作用，该系统在运动方向上动量守恒。

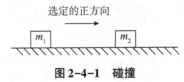

图2-4-1 碰撞

设两滑块的质量分别为 m_1 和 m_2，它们碰撞前的速度分别为 v_{10} 和 v_{20}，v_1 和 v_2 分别为它们碰撞后的速度，若设定了速度的正方向，则有下列关系：

$$m_1 v_{10} + m_2 v_{20} = m_1 v_1 + m_2 v_2 \tag{2-4-2}$$

下面分两种情况讨论。

1. 完全弹性碰撞

完全弹性碰撞下，系统的动量守恒，机械能也守恒。实验中，将两滑块相碰端装上缓冲弹簧圈，由于缓冲弹簧圈形变后能迅速恢复原状，系统的机械能近似无损失，从而实现两滑块的碰撞为弹性碰撞。由于两滑块碰撞前后无势能的变化，故系统的机械能守恒就体现为系统的总动能守恒。即：

$$\frac{1}{2} m_1 v_{10}^2 + \frac{1}{2} m_2 v_{20}^2 = \frac{1}{2} m_1 v_1^2 + \frac{1}{2} m_2 v_2^2 \tag{2-4-3}$$

若两个滑块质量相等，即 $m_1 = m_2 = m$ 且 $v_{20} = 0$，则由式(2-4-2)和(2-4-3)，并考虑物理上的实际情况，将得到两个滑块彼此交换速度，即：$v_1 = 0$，$v_2 = v_{10}$。

若两个滑块质量不相等，即 $m_1 \neq m_2$，仍令 $v_{20} = 0$，则有：

$$m_1 v_{10} = m_1 v_1 + m_2 v_2 , \quad m_1 v_{10}^2 = m_1 v_1^2 + m_2 v_2^2$$

将上面两式联立，可解得：

$$v_1 = \frac{m_1 - m_2}{m_1 + m_2} v_{10} , \quad v_2 = \frac{2m_1}{m_1 + m_2} v_{10} \tag{2-4-4}$$

由上两式可见，若 $m_1 < m_2$，$v_1 < 0$、$v_2 > 0$，即两滑块碰撞后反向运动；若 $m_1 > m_2$，两滑块则始终同向运动。

2. 完全非弹性碰撞

若两滑块相碰后，以同一速度沿直线运动而不分开，则称这种碰撞为完全非弹性碰撞，其特点是碰撞前后系统的动量守恒，而机械能不守恒。在实验中将滑块碰撞端装上尼龙粘胶扣，以使两滑块碰撞后粘在一起以同一速度运动，从而实现完全非弹性碰撞。

设完全非弹性碰撞后两滑块的共同速度为 v，即 $v_1 = v_2 = v$，则有：

$$m_1 v_{10} + m_2 v_{20} = (m_1 + m_2)v \tag{2-4-5}$$

所以有：

$$v = \frac{m_1 v_{10} + m_2 v_{20}}{m_1 + m_2} \tag{2-4-6}$$

当 $m_1 = m_2$，且 $v_{20} = 0$ 时，则有：$v = \dfrac{1}{2} v_{10}$，即碰撞后速度变为原来的一半。

【实验内容与步骤】

注意物理量的命名：带下角标 10、20 的是**碰撞前**的数据，带下角标 1、2 的是**碰撞后**的数据。

1. 在完全弹性碰撞情形下验证动量守恒定律

（1）将气垫导轨调水平，数字毫秒计时器功能键选择到"遮光"或"间隔"挡，使数字毫秒计时器处于正常工作状态。

（2）取两个质量近似相等的滑块，分别装上挡光片和弹簧圈，用天平称出两个滑块的质量 m_1 和 m_2（包括挡光片和弹簧圈，此时有：$m_1 \approx m_2$）。用游标卡尺测定滑块上挡光片的宽度 Δx。

（3）接通气阀后，将滑块 m_2 置于两光电门之间（两光电门距离不可太远），并令它静止（即 $v_{20} = 0$）。如图 2-4-2 所示，将另一个滑块 m_1 放置在导轨的另一端，通过缓冲弹簧来推动滑块 m_1，让滑块 m_1 与 m_2 相撞。

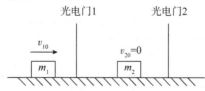

图 2-4-2　验证动量守恒定律示意图

（4）两滑块碰撞之后，滑块 m_1 将静止，而滑块 m_2 以速度 v_2 向前运动，从数字毫秒计时器获得通过光电门的速度，重复三次，将数据填入表 2-4-1。

（5）取一大一小两个滑块（例如：$m_1 > m_2$），重复上述步骤，分别测量大撞小和小撞大通过光电门的速度，重复三次，将数据填入表 2-4-2。

（6）利用测得的数据分别验证每次碰撞前后的动量是否守恒，$\varepsilon = \dfrac{\Delta p}{p} = \dfrac{|p' - p_0|}{p_0} \times$

100%，其中 p' 为系统碰撞之后的总动量，p_0 为系统碰撞之前的总动量，写出实验的结论。

2. 在完全非弹性碰撞情形下验证动量守恒定律

(1) 在选定的两个滑块的相碰端安装尼龙粘胶扣。

(2) 当两滑块的质量相等（$m_1 \approx m_2$），并且 $v_{20} = 0$ 时，验证动量是否守恒。

(3) 重复三次，记录所测数据并填入表 2-4-3。

【数据记录与处理】

表 2-4-1　完全弹性碰撞实验数据记录表（$m_1 \approx m_2$）

次数	$\Delta t_{10}/s$	$v_{10}/(\text{cm} \cdot \text{s}^{-1})$	$\Delta t_2/s$	$v_2/(\text{cm} \cdot \text{s}^{-1})$
\multicolumn{5}{	l	}{$m_1 = \underline{\quad}$g，$m_2 = \underline{\quad}$g，其中 $v_{20} = 0$ cm/s，挡光片宽度 $\Delta x = \underline{\quad}$ cm}
1				
2				
3				

表 2-4-2　完全弹性碰撞实验数据记录表（$m_1 \neq m_2$）

$m_1 = \underline{\quad}$g，$m_2 = \underline{\quad}$g，其中 $v_{20} = 0$ cm/s，挡光片宽度 $\Delta x = \underline{\quad}$ cm

次数	描述	$\Delta t_{10}/s$	$v_{10}/(\text{cm} \cdot \text{s}^{-1})$	$\Delta t_2/s$	$v_2/(\text{cm} \cdot \text{s}^{-1})$	$\Delta t_1/s$	$v_1/(\text{cm} \cdot \text{s}^{-1})$
1	大撞小						
2	大撞小						
3	大撞小						

$m_1 = \underline{\quad}$g，$m_2 = \underline{\quad}$g，其中 $v_{20} = 0$ cm/s，挡光片宽度 $\Delta x = \underline{\quad}$ cm

次数	描述	$\Delta t_{10}/s$	$v_{10}/(\text{cm} \cdot \text{s}^{-1})$	$\Delta t_2/s$	$v_2/(\text{cm} \cdot \text{s}^{-1})$	$\Delta t_1/s$	$v_1/(\text{cm} \cdot \text{s}^{-1})$
1	小撞大						
2	小撞大						
3	小撞大						

表 2-4-3　完全非弹性碰撞实验数据记录表（$m_1 \approx m_2$）

$m_1 = \underline{\quad}$g，$m_2 = \underline{\quad}$g，其中 $v_{20} = 0$ cm/s，挡光板宽度 $\Delta x = \underline{\quad}$ cm

次数	$\Delta t_{10}/s$	$v_{10}/(\text{cm} \cdot \text{s}^{-1})$	$\Delta t/s$	$v/(\text{cm} \cdot \text{s}^{-1})$
1				
2				
3				

利用上述三个表的测量数据，分别验证每次碰撞前后的动量是否守恒，计算 $\varepsilon = \dfrac{\Delta p}{p} = \dfrac{|p' - p_0|}{p_0} \times 100\%$，其中 $p_0 = m_1 v_{10} + m_2 v_{20}$，$p' = m_1 v_1 + m_2 v_2$。

【注意事项】

（1）先对导轨调水平。当导轨充气时，把滑块放置于导轨上不动，或者左右摆动的幅度一致时，认为导轨是水平的。

（2）实验时，应保证安装在滑块上的弹簧圈是对称和牢固的，以保证对心碰撞，尽量避免碰撞时滑块的晃动。

（3）实验时，最好不要用手直接推滑块 m_1 去撞滑块 m_2，可通过缓冲弹簧来推动滑块 m_1，也可在滑块 m_1 后面再加一小滑块，用小滑块去推动滑块 m_1，以保证推力和轨面平行。

（4）记录数据时要判断清楚哪个滑块先经过光电门，记录对应滑块的数据。碰撞完成经过光电门之后应马上把滑块从导轨拿下，避免二次碰撞。

（5）计算时注意各物理量的矢量性，用矢量的运算法则来计算。

【思考题】

（1）实验时气轨是否要调水平？若没有调平，气轨向右或向左倾斜时，对实验有何影响？

（2）当光电门距离碰撞点的位置不同时，对实验有否影响？试比较把光电门放在靠近或远离碰撞位置时的实验结果。

（3）如果取 $m_1 = m_2$，$v_{20} = 0$，并且认为 $v_1 = 0$，将给结果引入多大的误差？

§2.5 拉伸法测定弹性模量

任何物体在外力作用下都会发生形变，当形变不超过某一限度时，撤走外力，形变随之消失，这种形变称为弹性形变。弹性模量(也可称杨氏模量)是标志材料刚性的物理量，它与材料的结构、化学成分等有关。

【实验目的】

(1)掌握用拉伸法测定金属丝的弹性模量。

(2)学会用光杠杆测量长度的微小变化。

(3)学会用逐差法处理数据。

【实验仪器】

弹性模量测量仪，光杠杆，镜尺系统，钢卷尺，螺旋测微器，砝码。

【实验原理】

1. 弹性模量

弹性模量是表征在弹性限度内物质材料抗拉或抗压的物理量，也是材料力学中的名词。1807 年，因英国医生兼物理学家托马斯·杨所得到的结果而命名为杨氏模量，现主要称为弹性模量。根据胡克定律，在物体的弹性限度内，应力与应变成正比，比值称为材料的弹性模量(记为 E)。弹性模量是选定机械零件材料的依据之一，是工程技术设计中常用的参量。弹性模量的测定对研究金属材料、光纤材料、半导体、纳米材料、陶瓷等各种材料的力学性质有着重要意义。

设有一根长为 L，横截面积为 S 的钢丝，在外力 F 作用下伸长了 ΔL，则有：

$$\frac{F}{S} = E\frac{\Delta L}{L} \qquad\qquad (2\text{-}5\text{-}1)$$

式中，比例系数 E 称为弹性模量，单位为 $\mathrm{N/m^2}$。设实验中所用钢丝直径为 d，则 $S = \frac{1}{4}\pi d^2$，将此公式代入上式整理以后得：

$$E = \frac{4FL}{\pi d^2 \Delta L} \qquad\qquad (2\text{-}5\text{-}2)$$

上式表明，在长度 L、直径 d 和所加外力 F 相同的情况下，弹性模量 E 大的金属丝的伸长量 ΔL 小。因而，弹性模量表达了金属材料抵抗外力产生拉伸(或压缩)形变的能力。弹性模量是表征固体材料性质的一个重要的物理量，是工程设计上选用材料时常需涉及的重要参数之一，一般只与材料的性质和温度有关，与外力及物体的几何形状无关。

其中 L、d、F 都可用一般方法测得，唯有 ΔL 是一个微小的变化量，用一般的测量工具难以测准，为了测量细钢丝的微小长度变化，实验中使用了光杠杆放大法间接测量。利用光杠杆不仅可以测量微小长度变化，也可测量微小角度变化和形状变化。由于光杠杆放大法具有稳定性好、简单便宜、受环境干扰小等特点，在许多生产和科研领域得到了广泛应用。

2. 光杠杆和镜尺系统

光杠杆结构如图 2-5-1 所示，它实际上是附有三个尖足的平面镜。三个尖足的边线为一等腰三角形。前两足刀口与平面镜在同一平面内（平面镜俯仰方位可调），后足在前两足刀口的中垂线上。镜尺系统由一把竖立的毫米刻度尺和在尺旁的一个望远镜组成。

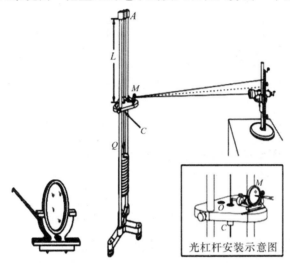

图 2-5-1　光杠杆和实验装置示意图

将光杠杆和镜尺系统按图 2-5-1 安装好，并按仪器调节步骤调节好全部装置之后，就会在望远镜中看到由平面镜 M 反射的直尺（标尺）的像。标尺是一般的直尺，但中间刻度为"0"，光杠杆放大原理如图 2-5-2 所示。图中 M_1 表示钢丝处于伸直情况下，光杠杆小镜的位置。从望远镜的目镜中可以看见水平叉丝对准标尺的某一刻度线 n_0，当在钩码上增加砝码（第 i 块）时，因钢丝伸长致使置于钢丝下端附着在平台上的光杠杆后足 P 跟随下降到 P'，PP' 即为钢丝的伸长量 ΔL_i，平面镜的法线方向转过一角度 θ，此时处于位置 M_2。

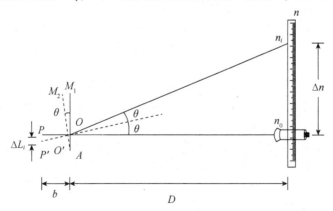

图 2-5-2　光杠杆放大原理

平面镜处于在固定不动的望远镜中会看到水平叉丝对准标尺上的另一刻线 n_i，假设开始时对光杠杆的入射和反射光线相重合，当平面镜转一角度 θ 时，则入射到光杠杆镜面的光线方向就要偏转 2θ，故 $\angle n_0 O n_i = 2\theta$，因 θ 甚小，OO' 也很小，故可认为平面镜到标尺的距

离 $D \approx O'n_0$，并有：$\tan 2\theta \approx 2\theta \approx \dfrac{n_i - n_0}{D} = \dfrac{\Delta n}{D}$，即：

$$\theta = \frac{\Delta n}{2D} \tag{2-5-3}$$

又从 $\triangle OPP'$，得：

$$\tan \theta \approx \theta = \frac{\Delta L_i}{b} \tag{2-5-4}$$

式中，b 为后足至前足连线的垂直距离，称为光杠杆常数。从以上两式得：

$$\Delta L_i = \frac{b\Delta n}{2D} = W\Delta n \tag{2-5-5}$$

$\dfrac{1}{W} = \dfrac{2D}{b}$，可称作光杠杆的"放大率"，上式中 b 和 D 可以直接测量，因此当增加了质量为 Δm 的砝码时，只要在望远镜测得标尺刻线移过的距离 Δn，即可算出钢丝的相应伸长量 ΔL_i。将 ΔL_i 值代入式(2-5-2)后得：

$$E = \frac{8\Delta mgLD}{\pi bd^2(n_i - n_0)} = \frac{8\Delta mgLD}{\pi bd^2 \Delta n} \tag{2-5-6}$$

式中，$\Delta n = (n_i - n_0)$ 为加砝码前后望远镜直尺读数的变化量。设 $K = \dfrac{\Delta n}{\Delta m} = \dfrac{n_i - n_0}{\Delta m}$，则 K 为砝码质量改变一个单位时，望远镜中所见的读数变化量，则式(2-5-6)也可写成：

$$E = \frac{8gLD}{\pi d^2 Kb} \tag{2-5-7}$$

【实验内容与步骤】

(1)夹好钢丝，调整支架呈竖直状态，在钢丝的下端悬一钩码(质量不算在以后各次所加质量之内)，使钢丝能够自由伸张。

(2)将光杠杆放在平台上，调节平台的上下位置，尽量使三足在同一个水平面上。

(3)安置好光杠杆，前足刀口置于固定平台的沟内，后足置于钢丝下端附着的平台上，并靠近钢丝，但不能接触钢丝。使平面镜 M 与平台大致垂直。

(4)在弹性模量测量仪前方约 1.5 m 处放置标尺，并使望远镜和光杠杆在同一个高度，并使光杠杆的镜面和标尺都与钢丝平行。

(5)调节望远镜，使之处于平面镜同一高度；沿望远镜筒上面的缺口和准星观察到平面镜 M；通过改变平面镜 M 的仰角，能够从标尺附近通过平面镜 M 反射看到望远镜。调节右侧的物镜调焦手轮和调节镜筒下面的竖直旋钮，改变平面镜 M 的仰角，从望远镜中先寻找到平面镜 M；然后调节望远镜物镜调焦手轮看到标尺的像。如无标尺的像，则可在望远镜外观察，移动望远镜，使准星 A、B 与平面镜中标尺像在一直线上，这时在望远镜中就可以看到标尺的像。调节目镜看清十字叉丝，观察望远镜中能清楚地看到标尺刻度。标尺要竖直，望远镜应水平对准平面镜中部。

(6)用直尺测量平面镜与标尺之间的距离、钢丝长度。把光杠杆在纸上按一下，留下 Z_1、Z_2、Z_3 三点的痕迹，用游标卡尺测量连成的等腰三角形，求出 b，将数据填于表2-5-1中。

(7)用螺旋测微器测量钢丝直径 d，测量 3 次，将数据填于 2-5-2 中。可以在钢丝的不同部位和不同的径向测量。因为钢丝直径不均匀，截面积也不是理想的圆。

(8)试加几个砝码,估计一下满负荷时标尺读数是否够用,如不够用,应对平面镜进行微调,调好后取下砝码。

(9)记录望远镜中水平叉丝对准的标尺刻度初始读数 n_0(不一定要为零),增加砝码,记录望远镜中标尺读数 n_i,以后依次加砝码,并分别记录望远镜中标尺读数。然后每次减少砝码,并记下减重时望远镜中标尺的读数,填于表 2-5-3 中。

【数据记录与处理】

表 2-5-1　光杠杆平面镜到标尺的距离等数据

项目	1	2	3	平均值
光杠杆平面镜到标尺的距离 D/cm				
光杠杆前后足尖的垂直距离 b/cm				
钢丝长度 L/cm				

表 2-5-2　钢丝的直径

项目	1	2	3	4	平均值
钢丝直径 d/mm					

表 2-5-3　钢丝伸长记录(每个砝码的质量 $m =$ _____ kg)

项目	伸长量/cm					
	n_0	n_1	n_2	n_3	n_4	n_5
加砝码						
减砝码						
加砝码						
减砝码						
平均值						

用分组逐差法计算 Δn,$\Delta n = \dfrac{(n_3 - n_0) + (n_4 - n_1) + (n_5 - n_2)}{3}$,$F = \Delta mg$,$\Delta m$ 是变化的总质量(即 3 个砝码的总质量),由式(2-5-6)计算弹性模量 E,与标准值 2.0×10^{11} N · m^{-2} 比较,计算相对误差 ΔE。

【注意事项】

(1)实验系统调好后,一旦开始测量,在实验过程中绝对不能对系统的任一部分进行任何调整。否则,所有数据应重新再测。

(2)增减砝码时要防止砝码晃动,以免钢丝摆造成光杠杆移动,系统稳定后才能读取数据。并注意槽码的各槽口应相互错开,防止因钩码倾斜使槽码掉落。

(3)注意保护平面镜和望远镜,不能用手触摸镜面。

(4)光杠杆的前支脚 Z_1、Z_2 的尖端必须放在 V 形槽的最深处,此时光杠杆最平衡。支脚应放在圆柱夹头的圆平面处,而不能放在圆柱形夹头的顶部夹住钢丝的孔或缝里。

(5)因刻度尺中间刻度为零,在逐次加砝码时,如果望远镜中标尺读数由零的一侧变化到另一侧时，应在读数上加负号。

（6）测量 D 时应该是测量标尺到平面的垂直距离，测量时卷尺应该放水平。

（7）实验完成后，应将砝码取下，防止钢丝疲劳。

【思考题】

（1）从光杠杆的放大倍数考虑，增大 D 与减小 b 都可以增加放大倍数，有何不同？

（2）为什么在测量中望远镜中标尺的读数应尽可能在望远镜所在处标尺位置的上下附近？

（3）材料相同、粗细长度不同的两根钢丝，它们的弹性模量是否相同？

（4）测钢丝的伸长量时，为什么要取增减砝码的伸长量的平均值？

§2.6 用三线摆测量刚体转动惯量

转动惯量是表征刚体特征的一个物理量，是刚体转动惯性大小的量度，它取决于刚体的质量、转轴的位置及质量分布。转动惯量是影响刚体转动的重要参数，如导弹和卫星的制导器件的设计，电机的转子、钟表的齿轮及发动机的叶片等转动部件的设计与制造等，都需要认真考虑。

【实验目的】

(1) 掌握用三线摆测量刚体转动惯量的原理和方法。

(2) 验证平行轴定理。

【实验仪器】

三线摆实验仪，游标卡尺，直尺，天平，待测样品(圆环、两个圆柱体)。

【实验原理】

1. 三线摆实验仪

三线摆是通过扭转运动测量刚体转动惯量的一种装置，图2-6-1是三线摆实验仪结构简图。图2-6-2是三线摆实验装置示意图，它是将一个均质圆盘，以等长的三条线对称地悬挂在一个水平固定的小圆盘下面。上、下圆盘均处于水平，悬挂在横梁上。上圆盘固定，下圆盘可绕中心轴OO'扭转作扭摆运动。扭摆运动的过程也就是圆盘势能与动能的转化过程。扭摆运动的周期T和下圆盘的质量分布有关，当改变下圆盘的转动惯量(即改变质量分布)时，扭摆运动周期也相应地发生变化。三线摆就是通过测定它的扭摆运动周期来测定待测物的转动惯量。

当下盘转动角度很小，且略去空气阻力时，扭摆的运动可近似看作简谐运动。根据能量守恒定律和刚体转动定律均可以导出物体绕中心轴OO'的转动惯量。如图2-6-3所示，下圆盘可绕OO'轴扭转，设下圆盘质量为m，当它绕OO'作小角度扭动θ时，圆盘位置升高了h，计算得：

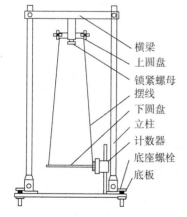

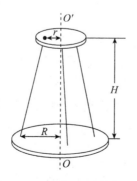

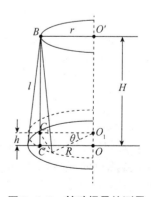

图2-6-1 三线摆实验仪结构简图　　**图2-6-2 三线摆实验装置示意图**　　**图2-6-3 转动惯量的测量**

$$\frac{\mathrm{d}^2\theta}{\mathrm{d}t^2} = -\frac{mgRr}{I_0 H}\theta \qquad\qquad (2\text{-}6\text{-}1)$$

上式为一简谐运动方程，解式(2-6-1)，得该运动的角频率 ω 的平方应为：

$$\omega^2 = \frac{mgRr}{I_0 H} \qquad\qquad (2\text{-}6\text{-}2)$$

那么其运动周期 T_0 的平方应为：

$$T_0^2 = \frac{4\pi^2 I_0 H}{mgRr} \qquad \left(T_0 = \frac{2\pi}{\omega}\right) \qquad\qquad (2\text{-}6\text{-}3)$$

由此得出：

$$I_0 = \frac{mgRr}{4\pi^2 H}T_0^2 \qquad\qquad (2\text{-}6\text{-}4)$$

上式是测量下圆盘绕线中心轴转动惯量的计算公式。若在实验过程中，分别测出 m、R、r、H 及 T_0，就可以求出圆盘的转动惯量 I_0。如果在下圆盘上放上另一个质量为 M、转动惯量为 I（对 OO' 轴）的物体，则有：

$$I + I_0 = \frac{(m + M)gRr}{4\pi^2 H}T^2 \qquad\qquad (2\text{-}6\text{-}5)$$

将式(2-6-4)代入式(2-6-5)得：

$$I = \frac{gRr}{4\pi^2 H}[(m + M)T^2 - mT_0^2] \qquad\qquad (2\text{-}6\text{-}6)$$

根据式(2-6-6)，通过长度、质量和扭摆周期的测量，便可求出刚体绕中心轴的转动惯量。由式(2-6-6)可知，各物体对同一转轴的转动惯量满足线性相加减的关系。

2. 平行轴定理

用三线摆法还可以验证平行轴定理。若质量为 m 的物体绕过其质心轴的转动惯量为 I_c，当转轴平行移动距离 d 时，则此物体对新轴的转动惯量为 $I' = I_c + md^2$。这一结论称为转动惯量的平行轴定理。

将两个相同的圆柱体对称地置于下圆盘上（见图2-6-4），圆柱体的中心到下圆盘中心的距离为 d。设圆柱体的质量为 m_1，对圆柱轴线的转动惯量为 I_1，则根据平行轴定理，下圆盘加圆柱体后的转动惯量为 $I_0 + 2(I_1 + m_1 d^2)$，其总质量为 $m + 2m_1$。

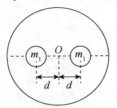

图2-6-4　对称放置圆柱体

通过实验测出两小圆柱体和下圆盘绕中心轴 OO' 的运动周期 T_1，则可求出每个柱体对中心转轴 OO' 的转动惯量：

$$I_1 = \frac{1}{2}\left[\frac{(m_0 + 2m_1)gRr}{4\pi^2 H}T_1^2 - I_0\right] \qquad\qquad (2\text{-}6\text{-}7)$$

如果测出小圆柱中心与下圆盘中心之间的距离 d 以及小圆柱体的半径 R_1，则由平行轴定理可求得：

$$I'_1 = m_1 d^2 + \frac{1}{2} m_1 R_1^2 \qquad (2-6-8)$$

比较 I_1 与 I'_1 的大小，可验证平行轴定理。

【实验内容与步骤】

1. 测定圆环对于通过质心且垂直于环面的轴的转动惯量

（1）调节底座水平。将水平泡置于横梁中心，调节底脚螺栓使之处于中间位置。

（2）调节下盘水平。调节三个摆线调节螺栓，使三根吊线的长度相等，用直尺测量上、下圆盘间高度 H。

（3）测量下圆盘、圆环、小圆柱的质量。再测量待测圆环的内外直径、小圆柱体的直径，将数据填于表 2-6-1 中。

（4）用游标卡尺测出上、下圆盘圆心到悬挂点的距离 r 和 R。由于悬挂点构成一个正三角形，测量出上圆盘悬挂点之间的距离 a，则 $r = \frac{\sqrt{3}}{3}a$，同法可通过测量下圆盘悬挂点距离 b 算出 R（参考图 2-6-5）。上述各个量都测量 5 次，再取平均值，将数据填于表 2-6-1 中。

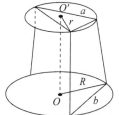

图 2-6-5　测量数据

（5）用配套的三线摆实验仪测量周期。打开三线摆实验仪电源，设置次数。假设将次数设为 30 次，按"置数"键，此时显示"N=35"，按"下调"键，使得显示"N=30"，再按一次"置数"键，此时显示"StEnd"，说明置数成功。

（6）调整传感器与挡光杆至合适位置。按"执行"键，此时显示"P1 00.000"。当挡光杆经过光电传感器时，计数器便自动开始计时，当下盘摆动到达 30 个周期时，自动停止计时，数据显示下圆盘扭摆 30 个周期所需的时间 P1。再按"执行"键，重复做五次，即为 P1～P5。

（7）按"查询"键查询，C1～C5 分别显示 P1～P5 单组的平均值。CA 为 5 组数的平均值，即下圆盘的运动周期 T_0，计算下圆盘的转动惯量 I_0。

（8）检验下圆盘的转动惯量 I_0。将测量值 I_0 与理论值 I'（$I' = \frac{1}{8}mD^2$，D 为下圆盘直径）相比，二者差异是否超过测量误差范围。如果差异较大，分析其原因，重新做实验。

（9）把待测圆环或圆柱体置于下圆盘的中心位置上（注意使圆环与圆盘中心重合），重复步骤（5）、（6），测出圆环或圆柱体与下圆盘叠加后的运动周期 T，将测量数据填入表 2-6-2。

（10）求出此时的转动惯量，减去下圆盘的转动惯量即为圆环的转动惯量。

2. 验证转动惯量的平行轴定理

将两个相同的圆柱体对称地置于下圆盘上，如图 2-6-4 所示。圆柱体的中心到下圆盘中心的距离为 d。圆柱体的质量为 m_1，对圆柱轴线的转动惯量为 I_1。测出此时扭摆的运动周期 T，将测量数据填入表 2-6-3，根据式（2-6-7）和（2-6-8）即可验证平行轴定理。

验证平行轴定理，方法如下。

（1）作 $T^2 - d^2$ 的关系曲线，判断其是否为线性关系。

（2）下圆盘加上圆柱体后的转动惯量为：$I_0 + 2(I_1 + m_1 d^2)$，取 $d = 0$，结合式(2-6-5)求出总的转动惯量 $I_0 + 2I_1$。比较直线 $T^2 - d^2$ 的截距和斜率之比是否等于 $\dfrac{I_0 + 2I_1}{2m_1}$（在测量范围之内）。求 $T^2 - d^2$ 直线的截距和斜率，可用直线拟合法拟合直线求出。

【数据记录与处理】

表 2-6-1 长度多次测量

次数	上圆盘悬孔间距 a/cm	下圆盘悬孔间距 b/cm	待测圆环		圆柱体直径 $2R_x/cm$
			外直径 $2R_1/cm$	内直径 $2R_2/cm$	
1					
2					
3					
4					
5					
平均					

由上表数据可求出：

$\bar{r} = \dfrac{\sqrt{3}}{3}\bar{a} = $ _____ $\bar{R} = \dfrac{\sqrt{3}}{3}\bar{b} = $ _____

下圆盘质量 $m = $ _____   待测圆环质量 $M = $ _____

圆柱体质量 $m_1 = $ _____   高度 $H = $ _____

表 2-6-2 累积法测周期

		下圆盘	下圆盘加圆环	下圆盘加圆柱体
摆动 30 次所需时间/s	1	1	1	1
	2	2	2	2
	3	3	3	3
	4	4	4	4
	5	5	5	5
	平均	平均	平均	平均
周期/s		$T = $	$T_1 = $	$T_2 = $

根据以上数据，求出待测圆环的转动惯量，将其与理论值计算值比较，求相对误差，并进行讨论。已知理想圆环绕中心轴转动惯量的计算公式：$I_{理论} = \dfrac{m}{2}(R_1^2 + R_2^2)$。

直径为 D，质量为 m 的圆盘的转动惯量理论计算公式：$I = \dfrac{1}{2}mR^2 = \dfrac{1}{8}mD^2$。

表 2-6-3 平行轴定理验证

次数	小孔间距 $2d$/m	周期 T_1/s	实验值/$(kg \cdot m^2)$ $I_1 = \dfrac{1}{2}\left[\dfrac{(m+2m_1)gRr}{4\pi^2 H}T_1^2 - I\right]$	理论值/$(kg \cdot m^2)$ $I'_1 = m_1 d^2 + \dfrac{1}{2}m_1 R_1^2$
1				
2				
3				
4				
5				
平均值				

根据上表数据，分析实验误差，由得出的数据给出是否验证了平行轴定理的结论。

【注意事项】

(1)仪器必须调水平后才可以开始实验。

(2)使用各测量工具测量时必须估读，按仪器能达到的精度进行读数。

(3)轻轻扭动上圆盘，带动下圆盘转动(注意扭摆的转角控制在 5°以内，且避免产生晃动)，使下圆盘摆动且挡光杆基本在传感器中心位置。

(4)在放置圆环和圆柱体时尽量放在下圆盘的中心位置，稳定后再读数。

【思考题】

(1)将一半径小于下圆盘半径的圆盘，放在下圆盘上，并使中心一致，试讨论此时三线摆的周期和空载时的周期相比是增大、减小还是不一定？

(2)你能否用其他的方法验证平行轴定理？

(3)用三线摆测刚体转动惯量时，为什么必须保持下圆盘水平？

(4)在测量过程中，如下圆盘出现晃动，对周期测量有影响吗？如有影响，应如何避免？

(5)测量圆环的转动惯量时，若圆环的转轴与下圆盘转轴不重合，对实验结果有何影响？

(6)如何利用三线摆测定任意形状的物体绕某轴的转动惯量？

第 3 章

热学实验

§3.1 拉脱法测定液体表面张力系数

液体表层厚度约 10^{-10} m 内的分子所处的条件与液体内部不同，由于液体表面上方接触的气体分子，其密度远小于液体分子密度，因此液面每一分子受到向外的引力比向内的引力要小得多，也就是说所受的合力不为零，力的方向是垂直于液面并指向液体内部，该力使液体表面收缩，直至达到动态平衡。因此，在宏观上，液体具有尽量缩小其表面积的趋势，液体表面好像一张拉紧了的橡皮膜。这种沿着液体表面的、收缩表面的力称为表面张力。表面张力能说明液体的许多现象，例如润湿现象、毛细管现象及泡沫的形成等。在工业生产和科学研究中常常要涉及液体特有的性质和现象。比如化工生产中液体的传输过程、药物制备过程及生物工程研究领域中关于动植物体内液体的运动与平衡等问题。因此，了解液体表面性质和现象，掌握测定液体表面张力系数的方法是具有重要实际意义的。

【实验目的】

（1）了解 LST-1 拉脱法液体表面张力实验仪（见图 3-1-1）的原理、结构和方法。

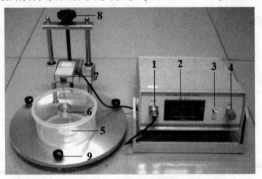

1—传感器连线插孔；2—数字电压表显示窗；3—电压表量程选择；4—传感器调零旋钮；5—盛放液体容器；
6—实验环；7—霍尔法位移式测力传感器；8—升降调节螺母；9—实验架水平调节旋钮。

图 3-1-1 LST-1 拉脱法液体表面张力实验仪

（2）用拉脱法测量室温下水的表面张力系数。

【实验仪器】

LST-1 拉脱法液体表面张力实验仪，小砝码，砝码盘，镊子。

【实验原理】

液体的表面张力系数是表征液体性质的一个重要参数，测量液体的表面张力系数有多种方法，拉脱法是测量液体表面张力系数常用的方法之一。该方法的特点是，用测量仪器直接测量液体表面张力，测量方法直观，概念清楚。用拉脱法测量液体表面张力，对测量力的仪器的要求很高，由于拉脱法测量液体表面的张力在 $1 \times 10^{-3} \sim 1 \times 10^{-2}$ N 之间，因此需要有一种量程范围较小，灵敏度高，且稳定性好的测量力的仪器。

本实验仪器应用霍尔传感器结合梯度磁场，组成霍尔法位移式测力传感器（以下简称传感器），反映了力、位移和磁感应强度三个物理量的关系，仪器直观性好。通过本传感器组成的测量仪器，实现了非电量测量，能满足测量液体表面张力的需要，它比传统的焦利秤、扭秤等灵敏度高、稳定性好，且可用数字信号显示，利于计算机实时测量。

测量一个已知周长的金属圆环从待测液体表面脱离时需要的力，求得该液体表面张力系数的实验方法称为拉脱法。若接触液体采用金属环状吊片，考虑一级近似，可以认为脱离力为表面张力系数乘上脱离表面的周长，即：

$$F = \alpha \cdot \pi(D_0 + D_1) \tag{3-1-1}$$

式中，F 为脱离力；D_0、D_1 分别为圆环的内径和外径；α 为液体的表面张力系数。

实验测量时，传感器未受力时，处于磁感应强度为零的位置。当外力 F 作用于金属挂钩时，贴在挂钩上的传感器在梯度磁场中有一位移，使传感器的输出电压发生变化，即变化电压与所加外力成正比。所以有：

$$\Delta U = k \cdot F \tag{3-1-2}$$

式中，F 为外力的大小；k 是传感器的灵敏度；ΔU 为传感器变化电压的大小。每台仪器的传感器的灵敏度 k 是不一样的。

液体的表面张力大小等于表面张力系数乘以吊片的长度，在实验时，由于液体和金属片的接触角接近零，所以只有合适的金属片长度，才能使液体和金属片的接触角度接近零，同时，因表面张力较小，为了提高测量精度，总希望力在合适的量程和仪器分辩率范围内。因此，通过环和吊片的结合，既增加了金属片与液体的接触长度，以增加表面张力的值，又不增加它的线度，有利于实验中的调节。经过对各种直径环状吊片反复实验验证，在环的直径为 30 mm 左右时，液体和金属片接触，其接触角近似为零，此时利用式（3-1-1）计算，可知测量所得表面张力系数在一定的误差范围内。

【实验内容与步骤】

1. 霍尔法位移式测力传感器的定标

由于传感器的灵敏度不尽相同，在实验前，先测定仪器传感器的灵敏度。步骤如下：

（1）插头缺口向上连接仪器，连接传感器插孔，打开仪器电源开关，预热 10 min，同时调节实验架水平；

（2）在弹性梁端的挂钩挂上砝码盘（其质量与实验圆环接近），调节机械调零旋钮；

（3）在砝码盘上分别加 1.0 g、2.0 g、3.0 g、4.0 g、5.0 g 等质量的小砝码，记录在相应的砝码重力作用下数字电压表的读数值 U，将数据填入表 3-1-1 中；

（4）用逐差法求出传感器灵敏度 k，$k = \Delta U / F$，F 为增加的砝码的重力。

2．环的测量与清洁

（1）用游标卡尺测量金属圆环的内径 D_0 和外径 D_1，将数据填于表 3-1-2 中。

（2）将环的表面用抹布擦拭干净，测量前应将金属环在溶液中浸泡 20～30 s。

3．测量液体的表面张力系数

（1）将金属环挂在传感器的挂钩上。挂线悬挂方式如图 3-1-2 所示。

（2）调节升降台，将液体升至靠近金属环的下沿。用镊子修正挂线长短，使金属环的下沿与待测液面平行。

（3）缓慢调节升降台，使其渐渐上升，将金属环的下沿部分全部浸没于待测液体。然后反向调节升降台，使液面逐渐下降，金属环和液面间形成一环形液膜，使液面继续下降，读出环形液面破裂前数字电压表读数的最大值 U_1 和液面拉破后的数字电压表读数值 U_2。重复上述操作，记录 4 组数据，计算液体的表面张力，将数据填入表 3-1-3 中。

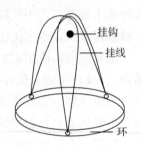

图 3-1-2　挂线悬挂方式

4．选做内容

（1）测量水在室温下的表面张力，加入适量温水，测量不同温度下的表面张力。

（2）在水中按比例加入洗涤剂，测量其表面张力。

（3）测量油的表面张力。

【数据记录与处理】

表 3-1-1　传感器灵敏度

砝码质量/g		0	1.0	2.0	3.0	4.0	5.0
砝码重力/N							
电压/mV	1						
	2						
	3						
	平均值						

用**逐差法**求出传感器灵敏度 k。用第 4 组数据减去第 1 组，第 5 组减去第 2 组，第 6 组减去第 3 组，分别代入公式 $k = \Delta U / F$，求出平均值，即为传感器灵敏度 k。重力加速度取 9.79 m·s^{-2}。

表 3-1-2　金属环内外径

项目	1	2	3	4	平均值
金属环内径 D_0/mm					
金属环外径 D_1/mm					

表 3-1-3 水的表面张力

项目	U_1/mV	U_2/mV	$\Delta U = \mid U_1 - U_2 \mid /\text{mV}$	F/N
1				
2				
3				
4				

根据表 3-1-1 得到的 k，可计算得到液体表面张力，则表面张力系数为：$\alpha = \dfrac{F}{\pi(D_0 + D_1)}$。

求出上述 4 组数据每组数据的表面张力系数 α_i，并求出平均值 $\bar{\alpha}$。

计算表面张力系数的算术平均偏差，公式如下：

$$\Delta\alpha = \frac{1}{n}(\mid \alpha_1 - \bar{\alpha} \mid + \mid \alpha_2 - \bar{\alpha} \mid + \cdots + \mid \alpha_n - \bar{\alpha} \mid) = \frac{1}{n}\sum_{i=1}^{n} \mid \alpha_i - \bar{\alpha} \mid$$

【注意事项】

(1)清洁后的玻璃皿、水和金属环不可用手触摸，用镊子进行位置的调整。

(2)测量传感器灵敏度时，添加砝码后稳定再读数，或者摆动幅度一样才读数。

(3)测量时要始终保证"三线对齐"，拉膜时动作要平稳、轻缓，不能在振动不定的情况下测量。

【思考题】

(1)在拉膜时弹簧的初始位置如何确定？为什么？

(2)在拉膜过程中为什么要始终保持"三线对齐"？为实现此条件，实验中应如何操作？

(3)如果金属环、玻璃杯和水不洁净，对测量结果将会带来什么影响？

(4)分析引起液体表面张力系数测量不确定度的因素，哪一因素的影响较大？

§3.2 金属线膨胀系数的测定

绝大多数物质都有"热胀冷缩"的特性，这是物体内部分子热运动加剧或减弱造成的。这个性质在工程结构的设计中，在机械和仪器的制造中，在材料的加工（如焊接）中都应考虑到，否则将影响结构的稳定性和仪表的精度。

【实验目的】

(1) 观察金属材料的线膨胀现象。

(2) 掌握使用千分表和温度控制仪的操作方法。

【实验仪器】

SLE-1 固体线膨胀系数测定仪，HTC-1 加热温度控制仪，待测金属细棒，钢卷尺，千分表。

实验仪器及各部分简介如图 3-2-1 所示。

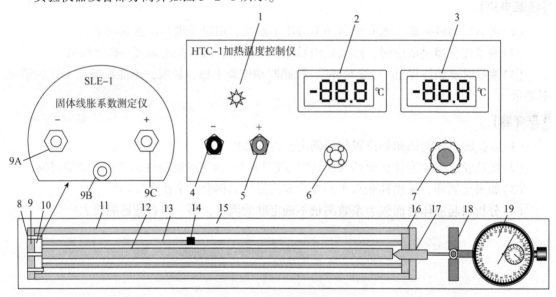

1—加热电压输出指示；2—实验样品实测温度指示；3—加热温度设定指示；4—加热电压输出接线柱(-)；
5—加热电压输出接线柱(+)；6—温度传感器接口；7—温度设置旋钮；8—拆卸实验样品辅助孔；
9—固定架；9A—加热部件输入接线柱(-)；9B—测温传感器接口；9C—加热部件输入接线柱(+)；
10—隔热盘；11—隔热管；12—实验样品；13—加热导热均衡管；14—测温传感器；15—实验装置底盘；
16—隔热盘；17—隔热棒；18—千分表固定螺钉；19—千分表。

图 3-2-1　实验仪器及其各部分简介

【实验原理】

1. 线膨胀系数

固体材料的线膨胀是材料受热膨胀时，在一维方向上的伸长。线膨胀系数是选用材料的一项重要指标，在研制新材料中，测量其线膨胀系数更是必不可少的。SLE-1 固体线膨胀系数测定仪是一种新型教学实验仪器，它通过加热温度控制仪，精确地控制实验样品在一定的温度下，由千分表直接读出实验样品的伸长量，实现对固体线膨胀系数的测定。

该仪器的恒温控制由高精度数字温度传感器与 HTC-1 加热温度控制仪组成，可将温度控制在室温至 103.0 ℃之间。HTC-1 加热温度控制仪自动检测实测温度与目标温度的差距，确定加热策略，并以一定的加热输出电压维持实测温度的稳度，分别由四位数码管显示设定温度和实验样品实测温度，读数精度为±0.1 ℃，调节设定方便，控温稳定、精确。专用加热部件的加热电压为 12 V，因此具有实验安全、可靠和维护简单的特点。

物质在一定温度范围内，原长为 l 的物体受热后伸长量 Δl 与其温度的增加量 Δt 近似成正比，与原长也成正比，即：$\Delta l = \alpha \cdot l \cdot \Delta t$，其中 α 为固体的线膨胀系数。实验证明：不同材料的线膨胀系数是不同的。本实验仪配备的实验细棒为铁棒、铜棒、铝棒。

2. 千分表读数

千分表作为机械长度测量工具中的一种精度较高的测量仪器，已被广泛应用。如图 3-2-2 所示，千分表的表盘刻度一般分为 100 格，测头每移动 0.001 mm，大指针就偏转 1 格（表示 0.001 mm），注意估读；当大指针偏转超过 1 圈时，小指针偏转 1 格（表示 0.1 mm）。读数方法：小指针读数+大指针读数。指针的偏转量就是被测零件的实际偏差或间隙值。可转动千分表上表面圆盘进行调零。

【实验内容与步骤】

（1）用钢卷尺测量待测细棒的原长 l，读数时注意估读。

（2）旋松千分表固定架螺栓，将实验细棒插入加热实验装置的加热部件（加热导热铜管内），然后插入隔热棒，压紧后再安装千分表。

（3）将千分表安装在固定架上，并且扭紧螺栓，不使千分表转动，此时使千分表读数在 0.1~0.2 mm（处于被压缩的状态）之间，可转动千分表上表面圆盘进行初始读数的设定。

图 3-2-2　千分表

（4）连接温度传感器探头连线，连接加热部件接线柱。确定实验温度起点，实验温度一般可分别比室温增加 10 ℃，20 ℃，30 ℃，40 ℃，50 ℃，…，或比室温增加 5 ℃，15 ℃，25 ℃，35 ℃，45 ℃，…。

（5）温度的调节。加热实验细棒时，实测温度以一定的速率上升，其调节分为"粗调"和"微调"。"粗调"为先调节设定温度值低于预测温度 2~3 ℃（预测温度为想要获得的温度值）；"微调"为小幅度地调节温度，待稳定之后多次小幅度调节，使实测温度接近预测温度。

（6）实测温度出现 1~2 次的波动后，温度会趋于稳定，记录 Δt 和 Δl，并通过公式 $\alpha = \dfrac{\Delta l}{l \cdot \Delta t}$ 计算线膨胀系数，并研究其线性情况。

（7）换不同的金属棒样品，分别测量并计算各自的线膨胀系数，将实验数据记录在表 3-2-1 ~ 表 3-2-4 中。

本实验铁、铝、铜的线膨胀系数理论值如下。

铁：$\alpha_{Fe} = 12.2 \times 10^{-6} ℃^{-1}$，铝：$\alpha_{Al} = 23.0 \times 10^{-6} ℃^{-1}$，铜：$\alpha_{Cu} = 17.5 \times 10^{-6} ℃^{-1}$。

【数据记录与处理】

(1)将实验数据记录在对应表格中。注意温度和长度都与初始值对比,温度尽量取 10 ℃ 为间隔,逐次递增)。

表 3-2-1　样品长度

长度 l/cm	1	2	3	平均值
铁棒				
铝棒				
铜棒				

表 3-2-2　实验样品:铁(起始温度_____,千分表起始读数_____)

实际温度/℃					
与起始温度差 Δt/℃					
千分表读数/mm					
伸长量 Δl/mm					

表 3-2-3　实验样品:铝(起始温度_____,千分表起始读数_____)

实际温度/℃					
与起始温度差 Δt/℃					
千分表读数/mm					
伸长量 Δl/mm					

表 3-2-4　实验样品:铜(起始温度_____,千分表起始读数_____)

实际温度/℃					
与起始温度差 Δt/℃					
千分表读数/mm					
伸长量 Δl/mm					

(2)将数据跟初始温度和初始读数比较,代入公式 $\alpha = \dfrac{\Delta l}{l \cdot \Delta t}$ 计算线膨胀系数,计算测量结果的相对误差。

(3)作图。根据上面表格数据,在同一坐标系中作上述几种材料的曲线图,以 Δt 为横坐标,以 Δl 为纵坐标,作出 $\Delta t - \Delta l$ 的关系图,并说明其关系为直线;比较材料的线膨胀系数大小并简单解释。

【注意事项】

(1)被测实验样品外形尺寸:直径 6～10 mm,长度 400 mm,整体要求平直。

(2)千分表安装须适当固定(以表头无转动为准)且与被测物体有良好的接触(读数在 0.1～0.2 mm 处较为适宜)。千分表探头需保持与实验样品在同一直线上。

（3）因伸长量极小，故仪器不应有振动。

（4）HTC-1 加热温度控制仪应预热 5 min，实验时以高于室温的温度点作为开始实验温度，如室温为 12 ℃，可用 15 ℃作为开始实验温度。

（5）加热时实测温度会比设定温度低 0.1 ~ 2.2 ℃，该温度差与周围环境散热条件有关，实测温度显示窗显示实验样品的实际温度，使实验细棒温度指示稳定才开始读数。

【思考题】

（1）试分析哪一个量是影响实验结果精度的主要因素？

（2）试举出几个在日常生活和工程技术中应用线膨胀系数的实例。

（3）若实验中加热时间过长，仪器支架受热膨胀，对实验结果有何影响？

§3.3 固体比热容的测定

19 世纪，随着工业文明的建立与发展，特别是蒸汽机的诞生，量热学有了巨大的发展。经过多年的实验研究，人们精确地测定了热功当量，逐步认识到不同性质的能量（如热能、机械能、电能、化学能等）之间的转化和守恒这一自然界物质运动的最根本定律，成为19 世纪人类最伟大的科学进展之一。从今天的观点看，量热学是建立在"热量"或"热质"的基础上的，不符合分子动理论的观点，缺乏科学内含，但这无损量热学的历史贡献。至今，量热学在物理学、化学、航空航天、机械制造以及各种热能工程、制冷工程中都有广泛的应用。比热容是单位质量的物质升高（或降低）单位温度所吸收（或放出）的热量。比热容的测定对研究物质的宏观物理现象和微观结构之间的关系有重要意义。

【实验目的】

（1）掌握基本的量热方法——混合法。
（2）测定金属的比热容。
（3）学习一种修正散热的方法。

【实验仪器】

量热器，温度计（0.00～50.00 ℃和0.00～100.00 ℃各一支），物理天平，加热器，待测金属（铝块或铜块），小量筒，停表，冰块若干。

【实验原理】

1. 混合法测比热容

依照热平衡原理，温度不同的物体混合后，热量将由高温物体传给低温物体，如果在混合过程中和外界无热量交换，最后达到均匀稳定的平衡温度。根据能量守恒定律，高温物体放出的热量就应等于低温物体吸收的热量。

将一个温度为 t_1 的系统 I 和温度为 t_2 的系统 II 混合，混合后的平衡温度为 t_3，如果不考虑与外界的热交换，则低温系统（设为 II）吸收的热量等于高温系统（设为 I）放出的热量，即：

$$c_I(t_1 - t_3) = c_{II}(t_3 - t_2) \tag{3-3-1}$$

式中，c_I、c_{II} 为系统 I 和 II 的比热容。此为热平衡原理。本实验根据热平衡原理用混合法测定固体的比热容。

混合可以有多种方案，可根据实际条件选择。最佳方案为：将高温的金属投入盛室温水的量热器内混合。

2. 测量公式

将质量为 m、比热容为 c、温度为 t_2 的金属块投入量热器的水中。设量热器（包括搅拌器和温度计插入水中部分）的热容为 q，其中水的质量为 m_0，比热容为 c_0，待测物投入水中之前的水温为 t_1，在待测物投入水中后其混合温度为 θ，在不计量热器与外界的热交换的情况下，将存在以下关系：$mc(t_2 - \theta) = (m_0 c_0 + q)(\theta - t_1)$。即：

$$c = \frac{(m_0 c_0 + q)(\theta - t_1)}{m(t_2 - \theta)} \tag{3-3-2}$$

量热器的热容 q 可以根据其质量和比热容算出。设量热器内筒和搅拌器由相同的物质制成，其质量为 m_1，比热容为 c_1，温度计插入水中部分的体积为 V，则：

$$q = m_1 c_1 + 1.9V \tag{3-3-3}$$

$1.9V$(单位为 $\mathrm{J \cdot ℃^{-1}}$)为温度计插入水中部分的热容，V 的单位是 $\mathrm{cm^3}$。

3. 系统散热的修正

由于混合过程中量热器与环境有热交换，先是吸热后是放热，致使由温度计读出的初温度 t_1 和混合温度 θ 与无热交换时的初温度和混合温度不同，因此必须对 t_1 和 θ 进行校正。

实验时，从投物前 $5 \sim 6$ min 开始测水温，每 30 s 测一次，记下投物的时刻与温度，记下达到室温 t_0 的时刻 τ_0，水温达到最高点后继续测 $5 \sim 6$ min。用 t 和 τ 作图，如图 $3-3-1$ 所示。过 τ_0 作一竖直线 MN，过 t_0 作一水平线，二者交于点 O，然后描出投物前的吸热线 AB，与 MN 交于点 B，混合后的放热线 CD 与 MN 交于点 C。混合过程中的温升线 EF，分别与 AB、CD 交于 E 和 F，因水温达到室温时量热器一直在吸热，故混合过程的初温度应是与点 B 对应的 t_1，此值高于投物时记下的温度。同理，水温高于室温后量热器向环境散热，故混合后的最高温度是点 C 对应的温度 θ，此值也高于温度计显示的最高温度。

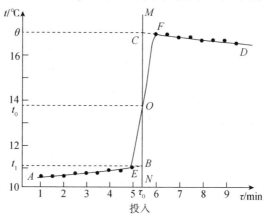

图 3-3-1　温度和时间的关系曲线

【实验内容与步骤】

(1)在加热器中加入半锅水，开始加热。

(2)用物理天平称出被测铜块的质量 m，然后将其吊在加热器中加热。加热器中的温度计要靠近待测物体。

(3)称出量热器内筒和搅拌器的总质量 m_1。

(4)将低于室温的冷水(温度不够低时适当加点冰块降温)，倒入量热器内筒(约为其容积的 2/3)，后称出其质量(包括搅拌器) m_2，则冷水的质量为 $m_0 = m_1 - m_2$；开始测水温，并记时间；每隔 30 s 测一次，接连测下去。

(5)当加热器中温度计指示值稳定不变后，测出其温度 t_2，就可将被测铜块投放入量热器中。记下物体放入量热器的时间和温度。进行搅拌并观察温度计读数，每 30 s 测一次，继续 5 min。

(6)按图 $3-3-1$ 绘制 $t-\tau$ 图，求出混合前的初温度 t_1 和混合温度 θ。

(7)将上述各测定值代入式(3-3-2)求出被测铜块的比热容及其标准不确定度。

其中 18 ℃时水的比热容 $c_0 = 4\ 177\ \mathrm{J \cdot kg^{-1} \cdot K^{-1}}$，铝的比热容 $c_1 = 880\ \mathrm{J \cdot kg^{-1} \cdot K^{-1}}$，$V$ 用小量筒确定。

【数据记录与处理】

自拟表格并记录数据。

【注意事项】

(1)量热器中温度计位置要适中，不要使它靠近放入的高温物体，因为未混合好的局部温度可能较高。

(2)冷水的初温度不宜比室温低很多。

(3)搅拌时不要过快，以防有水溅出。

(4)尽量缩短投放的时间。

【思考题】

(1)混合法的原理是什么？它的基本实验条件是什么？如何保证？

(2)试分析实验误差的来源，如何减少误差？

§3.4 准稳态法测量导热系数

热传导是热传递的三种基本方式之一。导热系数定义为单位温度梯度下每单位时间内由单位面积传递的热量，单位为 W/(m·K)，是反映物质热性能的重要物理量，在生活中经常被用于比较各种材料的导热性能或判断保温性能的好坏。目前，实验中各种测量物质导热系数的方法均建立在法国科学家傅里叶(J. Fourier)于 1882 年提出的热传导定律之上，本实验将介绍准稳态法测量导热系数。

【实验目的】

(1)了解准稳态法测量导热系数和比热容的原理。

(2)学习热电偶测量温度的原理和使用方法。

(3)用准稳态法测量不良导体的导热系数和比热容。

【实验仪器】

ZKY-BRDR 准稳态法比热·导热系数测定仪(见图 3-4-1)及实验装置 1 套，实验样品 2 套(橡胶和有机玻璃各 1 套，每套 4 块)，加热板 2 块，热电偶 2 只，导线若干，保温杯 1 个。

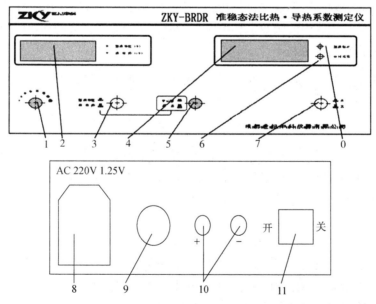

0—加热指示灯；1—加热电压调节；2—测量电压显示；3—电压切换；4—加热计时显示；5—热电势切换；
6—清零；7—电源开关；8—电源插座；9—控制信号；10—热电势输入；11—加热控制开关。

图 3-4-1　ZKY-BRDR 准稳态法比热·导热系数测定仪

【实验原理】

通常情况下，测量导热系数和比热容的方法大都用稳态法，使用稳态法要求温度和热流量均要稳定，但在学生实验中实现这样的条件比较困难，因而导致测量的重复性、稳定性、一致性的误差较大。为了克服稳态法测量的误差，本实验使用一种新的测量方法——准稳态法，使用准稳态法只要求温差恒定和温升速率恒定，而不必通过长时间的加热达到稳态，就可通过简单计算得到导热系数和比热容。

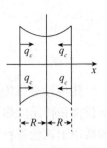

1. 准稳态法测量原理

考虑如图 3-4-2 所示的一维无限大导热模型：一无限大不良导体平板的厚度为 $2R$，初始温度为 t_0，现在平板两侧同时施加均匀的指向中心面的热流密度 q_c，则平板各处的温度 $t(x, \tau)$ 将随加热时间 τ 而变化。

图 3-4-2 一维无限大导热模型

以试样中心为坐标原点，上述模型的数学描述可表达如下：

$$\begin{cases} \dfrac{\partial t(x, \tau)}{\partial \tau} = a \dfrac{\partial^2 t(x, \tau)}{\partial x^2} \\ \dfrac{\partial t(R, \tau)}{\partial x} = \dfrac{q_c}{\lambda}, \quad \dfrac{\partial t(0, \tau)}{\partial x} = 0 \\ t(x, 0) = t_0 \end{cases} \quad (3\text{-}4\text{-}1)$$

式中，$a = \lambda/\rho c$，λ 为材料的导热系数，ρ 为材料的密度，c 为材料的比热容。式(3-4-1)的解为：

$$t(x, \tau) = t_0 + \frac{q_c}{\lambda} \left(\frac{a}{R} \tau + \frac{1}{2R} x^2 - \frac{R}{6} + \frac{2R}{\pi^2} \sum_{n=1}^{\infty} \frac{(-1)^{n+1}}{n^2} \cos \frac{n\pi}{R} x \cdot e^{-\frac{an^2\pi^2}{R^2}\tau} \right) \quad (3\text{-}4\text{-}2)$$

考察 $t(x, \tau)$ 的解析式(3-4-2)可以看到，随加热时间的增加，样品各处的温度将发生变化，而且我们注意到式中的级数求和项由于指数衰减的原因，会随加热时间的增加而逐渐变小，直至所占份额可以忽略不计。

定量分析表明，当 $\dfrac{a\tau}{R^2} > 0.5$ 以后，加热面和中心面间的温度差为：

$$\Delta t = t(R, \tau) - t(0, \tau) = \frac{1}{2} \frac{q_c R}{\lambda} \quad (3\text{-}4\text{-}3)$$

由式(3-4-3)可以看出，加热面和中心面间的温度差 Δt 和加热时间 τ 没有直接关系，保持恒定。系统各处的温度和时间是线性关系，温升速率也相同，称此种状态为准稳态。

当系统达到准稳态时，由式(3-4-3)得到：

$$\lambda = \frac{q_c R}{2\Delta t} \quad (3\text{-}4\text{-}4)$$

根据式(3-4-4)，只要测量出进入准稳态后加热面和中心面间的温度差 Δt，并由实验条件确定的相关参量 q_c 和 R，则可以得到待测材料的导热系数 λ。

系统进入准稳态后，由比热容的定义和能量守恒关系可得：

$$q_c = c\rho R \frac{dt}{d\tau} \quad (3\text{-}4\text{-}5)$$

则比热容为：

$$c = \frac{q_c}{\rho R \dfrac{dt}{d\tau}} \quad (3\text{-}4\text{-}6)$$

式中，$dt/d\tau$ 为准稳态条件下试件中心面的温升速率(进入准稳态后各点的温升速率是相同的)。

只要在上述模型中测量出系统进入准稳态后加热面和中心面间的温度差和中心面的温升速率，即可由式(3-4-4)和式(3-4-6)得到待测材料的导热系数和比热容。

2. 热电偶温度传感器

热电偶结构简单，具有较高的测量准确度，可测温度范围为-50 ~ 1 600 ℃，在温度测量中应用极为广泛。由 A、B 两种不同的导体两端相互紧密地连接在一起，组成一个闭合回路，如图3-4-3(a)所示。当两接点温度不等($t>t_0$)时，回路中就会产生电动势，从而形成电流，这一现象称为热电效应。回路中产生的电动势称为热电势。上述两种不同导体的组合称为热电偶，A、B 两种导体称为热电极。两个接点，一个称为工作端或热端(t)，测量时将它置于被测温度场中，另一个称为自由端或冷端(t_0)，一般要求测量过程中恒定在某一温度。

理论分析和实践证明热电偶有如下基本定律。

(1)热电偶的热电势仅取决于热电偶的材料和两个接点的温度，而与温度沿热电极的分布以及热电极的尺寸与形状无关(热电极的材质要求均匀)。

(2)在 A、B 材料组成的热电偶回路中接入第三导体 C，只要引入的第三导体两端温度相同，则对回路的总热电势没有影响。在实际测温过程中，需要在回路中接入导线和测量仪表，相当于接入第三导体，常采用图3-4-3(b)或(c)的接法。

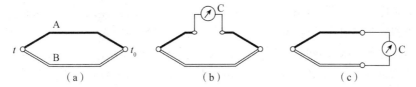

图 3-4-3　热电偶原理及接线示意图

热电偶的输出电压与温度并非线性关系。对于常用的热电偶，其热电势与温度的关系由热电偶特性分度表给出。测量时，若冷端温度为 0 ℃，由测得的电压，通过对应分度表，即可查得所测的温度。若冷端温度不为 0 ℃，则通过一定的修正，也可得到温度值。在智能式测量仪表中，将有关参数输入计算程序，则可将测得的热电势直接转换为温度显示。

【实验内容与步骤】

(1)安装样品并连接各部分连线。连接线路前，请先用万用表检查两只热电偶冷端和热端的电阻值大小，一般在 3 ~ 6 Ω 内，如果偏差大于 1 Ω，则可能是热电偶有问题。热电偶的测温端应保证置于样品的中心位置，防止由于边缘效应影响测量精度。如图3-4-4所示，中心面横梁的热电偶应该放到样品2和样品3之间，加热热电偶应该放到样品3和样品4之间，然后旋动旋钮以压紧样品。在保温杯中加入自来水，水的容量以保温杯容量的3/5为宜。根据实验要求连接好各部分连线(包括主机与样品架放大盒、样品架放大盒与横梁、样品架放大盒与保温杯、横梁与保温杯之间的连线)。

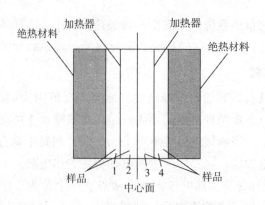

图 3-4-4　待测样品的安装

（2）设定加热电压。检查各部分接线是否有误，同时检查后面板上的"加热控制"开关是否关上，没有关则应立即关上。开机后，先让仪器预热 10 min 左右再进行实验。在记录实验数据之前，应该先设定所需要的加热电压，步骤为：先将"电压切换"钮按到"加热电压"挡位，再由"加热电压调节"旋钮来调节所需要的电压（参考加热电压：18 V、19 V）。

（3）测定样品的温度差和温升速率。将测量电压显示调到"热电势"的"温差"挡位，如果显示温差热电势绝对值小于 0.004 mV，就可以开始加热了，否则应等到显示降到绝对值小于 0.004 mV 再加热。

保证上述条件后，打开加热控制开关并开始记数。记数时，建议每隔 1 min 分别记录一次中心面热电势和温差热电势，这样便于后续计算。将实验数据填入表 3-4-1。当记录完一次数据需要换样品进行下一次实验时，其操作顺序是：关闭加热控制开关 → 关闭电源开关 →旋转螺杆以松动实验样品 →取出实验样品→取下热电偶传感器→取出加热薄膜并冷却。

【数据记录与处理】

表 3-4-1　导热系数及比热容测定

时间 τ/min	1	2	3	4	5	6	7	8	9	10
温差热电势 U_t/mV										
中心面热电势 U/mV										
每分钟温升热电势 ΔU/mV										

准稳态的判定原则是温差热电势和温升热电势趋于恒定。实验中，有机玻璃一般在 8 ~ 15 min，橡胶一般在 5 ~ 12 min 时达到准稳态。

式（3-4-4）和式（3-4-6）中各参数如下：样品厚度 $R = 0.010$ m，有机玻璃密度 $\rho_{有机} = 1.196 \times 10^3$ kg/m³，橡胶密度 $\rho_{橡胶} = 1.3104 \times 10^3$ kg/m³，热流密度 $q_c = U^2/2FR$，其中 U 为两并联加热器的加热电压，$F = A \times 0.09$ m $\times 0.09$ m 为边缘修正后的加热面积（A 为修正系数，对于有机玻璃和橡胶，$A = 0.85$），$R = 110$ Ω 为每个加热器的电阻。

铜–康铜热电偶的热电常数为 0.04 mV/K。即温度每差 1 K，温差热电势为 0.04 mV。据此可将温度差和温升速率的电压值换算为温度值：

$$温度差 \ \Delta t = \frac{U_t}{0.04} \ (K)，\quad 温升速率 \ \frac{dt}{d\tau} = \frac{\Delta U}{60 \times 0.04} \ (K/s)$$

【注意事项】

(1)实验时要戴好手套,以尽量保证实验样品初始温度保持一致。将冷却好的样品放进样品架中。

(2)在取样品的时候,必须先将中心面横梁热电偶取出,再取出实验样品,最后取出加热面横梁热电偶。严禁用弯折热电偶的方法取出实验样品,这样将会大大减小热电偶的使用寿命。

【思考题】

(1)试述准稳态法测不良导体导热系数的基本思想、方法和优点。

(2)实验过程中,环境温度的变化对实验有无影响?为什么?

(3)本实验中,如何判断系统进入了准稳态,即准稳态的条件是什么?

第 4 章

电磁学实验

§4.1 电学基本测量

电路中有各种电学元件,如线性电阻、半导体二极管和三极管,以及光敏、热敏电阻等元件。了解这些元件的伏安特性,对正确地使用它们是至关重要的。伏安法是电学测量中最常用的一种基本方法。

【实验目的】

(1)掌握电学基本测量元件(电压表、电流表、万用表)的使用方法。

(2)掌握伏安法测电阻的原理及电流表内接法和外接法的使用。

(3)了解线性元件和非线性元件的伏安特性曲线的差异。

(4)巩固误差的知识,掌握常用的数据处理方法。

【实验仪器】

直流稳压电源,直流电压表 1 只,毫安表 1 只,数字万用表 1 只,单边导通开关 1 个,电阻箱 1 个,色环电阻 2 个,IN4007 型硅二极管 1 个,导线若干。

【实验原理】

1. 数字万用表的构成及使用方法

数字万用表一般由两部分构成,一部分是将被测量电路转换为直流电压信号,称为转换器;另一部分是直流数字电压表。直流数字电压表构成了万用表的核心部分,主要由模/数转换器和显示器组成。数字万用表可用于测量交直流电压和电流、电阻、电容、二极管正向压降及电路通断等,具有数据保持和睡眠功能。图 4-1-1 为 VC890C+数字万用表的整体结构图。

(1)交直流电压测量。将红表笔插入 VΩ 插孔,黑表笔插入 COM 插孔,功能开关置于 V 量程(AC 为交流电压,DC 为直流电压),表笔并联在待测元件两端。

(2)交直流电流测量。将红表笔插入 mA 或 A 插孔,黑表笔插入 COM 插孔,功能开关置于 A 量程,表笔串联接入待测负载回路中。

(3)电阻测量。将红表笔插入 VΩ 插孔,黑表笔插入 COM 插孔,功能开关置于 Ω 量程,表笔并联待测电阻两端。

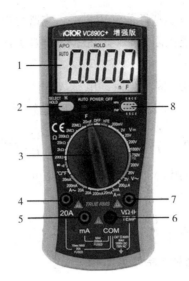

1—液晶显示器；2—发光二极管：通断检测时报警用；3—旋钮开关：用于改变测量功能、量程以及控制开关机；

4—小于20A 电流测试插座；5—小于200 mA 电流测试插座；6—电容、温度、测试附件"−"极插座及公共地；

7—电压、电阻、二极管"+"极插座；8—三极管测试座：测试三极管输入口。

图 4-1-1 VC890C+ 数字万用表的整体结构图

（4）二极管和蜂鸣通断测量。将红表笔插入 VΩ 插孔，黑表笔插入 COM 插孔，功能开关置于二极管和蜂鸣通断测量挡位，如将红表笔连接到待测二极管的正极，黑表笔连接到待测二极管的负极，则液晶显示器上的读数为二极管正向压降的近似值。将表笔连接到待测线路的两端，若被测线路两端之间的电阻大于 70 Ω，认为电路断路；若被测线路两端之间的电阻小于 10 Ω，认为电路良好导通，蜂鸣器连续声响；如被测两端之间的电阻在 10 ~ 70 Ω 之间，蜂鸣器可能响，也可能不响。同时液晶显示器显示被测线路两端的电阻值。

2. 伏安法测电阻

1）线性元件与非线性元件

在一电学元件两端加上直流电压，元件内就会有电流通过。伏安法测电阻的基本原理是欧姆定律 $R = U/I$。通过元件的电流与端电压之间一一对应的函数关系称为电学元件的伏安特性。以电压和电流分别为横坐标和纵坐标作出的曲线，称为该元件的伏安特性曲线。伏安特性所遵循的规律，就是该元件的导电特性。若所得结果为一条直线，如图 4-1-2 所示，这类元件称线性元件，如碳膜电阻、金属膜电阻、线绕电阻等。若所得结果为一曲线，如图 4-1-3 所示，这类元件称为非线性元件。

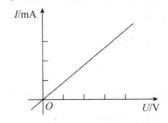

图 4-1-2 线性元件的伏安特性

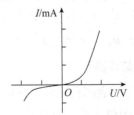

图 4-1-3 非线性元件的伏安特性

2)实验电路的比较与选择

伏安法测电阻是研究物质电学特性的常用方法，它既可以测线性电阻，也可以测非线性电阻。在实际测量中，由于电表内阻的影响，根据 $R = U/I$ 算出的电阻值不是待测电阻的真实值。

如果按图4-1-4(a)所示的外接法测量，电压表的读数 U 等于待测电阻 R_x 两端的电压 U_x，电流表的读数 I 不等于 I_x，而是 $I = I_x + I_V$，R_x 是线性元件，因此：

$$R = \frac{U}{I} = \frac{U_x}{I_x + I_V} = \frac{U_x}{I_x(1 + I_V/I_x)} \qquad (4\text{-}1\text{-}1)$$

如果 $R_x \ll R_V$（电压表的内阻），则 $I_V \ll I_x$，因此可将 $I_x(1 + I_V/I_x)^{-1}$ 用二项式定理展开，略去二次幂以上的项后，式(4-1-1)变为：

$$R \approx \frac{U_x}{I_x}\left(1 - \frac{I_V}{I_x}\right) = R_x\left(1 - \frac{R_x}{R_V}\right) \qquad (4\text{-}1\text{-}2)$$

式中，R_x/R_V 是电压表内阻给测量结果带来的相对误差。

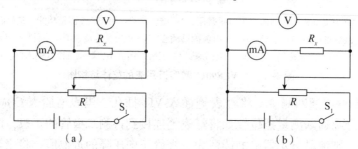

图4-1-4　电流表内外接法电路图

(a)外接法；(b)内接法

由式(4-1-2)可见，电流表外接时，若用 U/I 作为被测电阻值，则比实际值 R_x 略小些，应作以下修正。

若 R_V 值已知，则：

$$R_x = \frac{U_x}{I - I_V} = \frac{U_x}{I(1 - I_V/I)} \approx \frac{U_x}{I}\left(1 + \frac{I_V}{I}\right) = R\left(1 + \frac{I_V}{I}\right) = R\left(1 + \frac{R}{R_V}\right) \qquad (4\text{-}1\text{-}3)$$

对于内接法，同样会产生相对误差。

综上所述，不论哪种连接法，误差总是难免的。用伏安法进行测量时，应根据被测电阻的电阻值范围及所用电表的内阻来合理选择电路，使误差尽可能减小。通常可作如下选择：当 $R_x \gg R_A$（电流表的内阻）时，接入误差才可以忽略不计，宜采用电流表内接法，此时 $R \approx R_x$；当 $R_x \ll R_V$ 时，宜采用电流表外接法，接入误差才可以忽略不计，此时 $R \approx R_x$。对于既满足 $R_x \gg R_A$，又满足 $R_x \ll R_V$ 的电阻，两种方法均可采用。

【实验内容与步骤】

(1)用万用表测色环电阻的电阻值。将万用表正确接线，选择合适的量程，测量色环电阻的实际电阻值。重复3次测量，计算样品电阻的平均值，并填入表4-1-1中。

(2)用万用表测导线的电阻及通断。将万用表的功能、量程开关转到"蜂鸣"位置，两表笔分别接测试点，如有短路，则蜂鸣器会响，说明导线正常。将量程开关旋至电阻合适的量程，测出导线的电阻，填入表 4-1-2 中。

（3）用万用表测直流稳压电源的输出电压。将量程开关旋至合适的直流电压输出量程，用红黑表笔连接直流稳压电源的正负极输出端，测出输出电压，填入表 4-1-3 中。

（4）用伏安法测电阻伏安特性。将电流表、电压表、单边导通开关等元件按图 4-1-4（a）接线，调节直流稳压电源的输出电压，从 0 V 开始缓慢地增加（不超过 10 V），将待测元件两端的电压表和电流表的读数填入表 4-1-4 中。

（5）用伏安法测二极管的正向伏安特性。把上述步骤（4）的电阻换成二极管，并使之正向导通，调节直流稳压电源的输出电压，从 0 V 开始，每调动一格，读一次数，共调节 10 次，缓慢地增加输出电压到 1.00 V。将待测元件两端的电压表和电流表的读数填入表 4-1-5 中。

【数据记录与处理】

（1）把测得的数据填入下列相对应的表格。

表 4-1-1　测色环电阻

项目	1	2	3	平均值
电阻 R_1/Ω				
电阻 R_2/Ω				

表 4-1-2　测导线的通断情况和电阻

项目	通/断情况	电阻值 R/Ω
U 型导线		
多芯漆包导线		

表 4-1-3　测直流稳压电源的输出电压

项目	1	2	3	4
直流电压输出量程/V	3.00	6.00	9.00	12.00
万用表读数/V				
相对误差/%				

表 4-1-4　测电阻的伏安特性（外接法）

项目	1	2	3	4	5	6	7	8
待测元件两端电压 U/V	1.00	2.00	3.00	4.00	5.00	6.00	7.00	8.00
电流 I/mA								
电阻 R_x/Ω								

计算待测电阻的平均值，并计算相对误差。

表 4-1-5 测二极管的正向伏安特性

项目	1	2	3	4	5	6	7	8	9	10
待测元件两端电压 U/V										
电流 I/mA										

(2)利用表 4-1-4、表 4-1-5 测得的数据，分别画出电阻和二极管的正向伏安特性曲线，比较线性元件和非线性元件的伏安特性曲线。二极管的特性参考本书"实验 4.3 电学元件伏安特性的测量"中的内容介绍。

【注意事项】

(1)万用表测不同的物理量时，要选择合适的插孔及量程，量程由大到小进行选择。

(2)在测量电路电阻时应先把电路的电源开关断开，不能带电测量电阻。

(3)实验中使用单边导通开关，接线时要注意同一侧的接线柱才导通。

(4)电压表和电流表应先接大量程再适当切换到小量程，不同量程的精度是不一样的，读数时注意估读。

【思考题】

(1)若测量二极管反向伏安持性曲线，电流表的接法与测正向时是否相同，为什么？

(2)利用万用表测量电阻时，在有源电路中完成测试和将电阻从电路中断开测试，其结果有什么不同，为什么？

(3)有一个 12 V、15 W 的钨丝灯泡，已知加在灯泡上的电压与通过灯丝的电流之间的关系为 $I = KUn$，其中 K、n 是与该灯泡有关的常数。如何通过实验方法并用作图法处理数据求出 K、n，得到 I 随 U 变化的经验公式？

§4.2　示波器的使用

示波器是一种用途十分广泛的电子测量仪器，它能把肉眼看不见的电信号变换成看得见的图像。用它能直接观察电压信号的波形，也能测定电压信号的幅度、周期和频率等参数，采用传感器把非电学量转换成电学量，它就可以测量一切非电学信号，如振动、声、光、热、磁等。

【实验目的】

(1)了解示波器显示波形的原理，了解示波器各主要组成部分及它们之间的联系和配合。

(2)熟悉使用示波器的基本方法，学会用示波器测量波形的电压幅度和频率。

(3)熟悉信号发生器的使用。

(4)学会观察李萨如图形。

【实验仪器】

双踪示波器(MOS-640型)，信号发生器(SDG-830型)。

【实验原理】

1. 示波器工作原理

示波器由示波管、扫描同步系统、Y 轴和 X 轴放大系统及电源四部分组成，如图4-2-1所示。

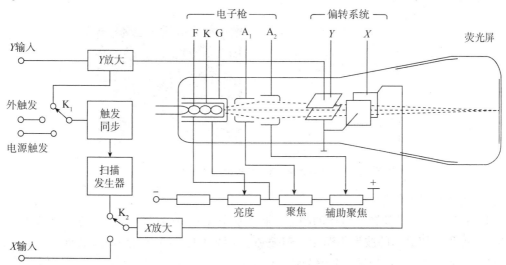

F—灯丝；K—阴极；G—控制栅栏；A_1—第一阳极；A_2—第二阳极；

X—水平偏转板(X 轴偏转板)；Y—垂直偏转板(Y 轴偏转板)。

图4-2-1　示波器的组成

示波器的扫描与同步。如果在 X 轴偏转板加上波形为锯齿电压，在荧光屏上看到的是一条水平线，如图4-2-2(b)所示。

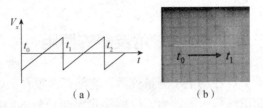

图 4-2-2　X 轴加入信号

如果在 Y 轴偏转板上加正弦电压，而 X 轴偏转板不加任何电压，则电子束的亮点在纵方向随时间作正弦式振荡，在横方向不动。看到的将是一条垂直的亮线，如图 4-2-3（b）所示。

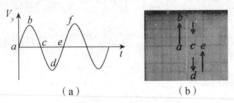

图 4-2-3　Y 轴加入信号

如果在 Y 轴偏转板上加正弦电压，又在 X 轴偏转板上加锯齿电压，则荧光屏上的亮点将同时进行方向互相垂直的两种位移，描出了正弦图形，如图 4-2-4 所示。如果正弦电压与锯齿电压的周期（频率）相同，这个正弦图形将稳定地停在荧光屏上。但如果正弦电压与锯齿电压的周期稍有不同，则第二次所描出的曲线将和第一次的曲线位置稍微错开，在荧光屏上将看到不稳定的图形或不断移动的图形，甚至很复杂的图形。

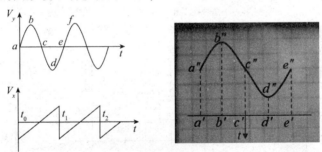

图 4-2-4　X、Y 轴都加入信号

由此可得出以下结论。

（1）要想看到 Y 轴偏转板电压的图形，必须加上 X 轴偏转板电压把它展开，这个过程称为扫描。如果要使显示的波形不畸变，扫描必须是线性的，即必须加锯齿电压。

（2）要使显示的波形稳定，Y 轴偏转板电压频率与 X 轴偏转板电压频率的比值必须是整数，即：

$$\frac{f_y}{f_x} = n, \quad n = 1, 2, 3, \cdots$$

示波器中的锯齿电压的频率虽然可调，但要准确满足上式，光靠人工调节还是不够的，待测电压的频率越高，越难满足上述条件。为此，在示波器内部加装了自动频率跟踪的装置，称为"同步"。在人工调节到接近满足条件时，再加入"同步"的作用，扫描电压的周期就能准确地等于待测电压周期的整数倍，从而获得稳定的波形。

2. 李萨如图形

如果 Y 轴偏转板加正弦电压，X 轴偏转板也加正弦电压，得出的图形将是李萨如图形，如图 4-2-5 所示，李萨如图形可以用来测量未知频率。令 f_y、f_x 分别代表 Y 轴和 X 轴电压的频率，N_x、N_y 代表 X 方向、Y 方向的切线和图形相切的切点数，则有：$\dfrac{f_y}{f_x} = \dfrac{N_x}{N_y}$。 如果已知 f_x，则由李萨如图形可求出 f_y。

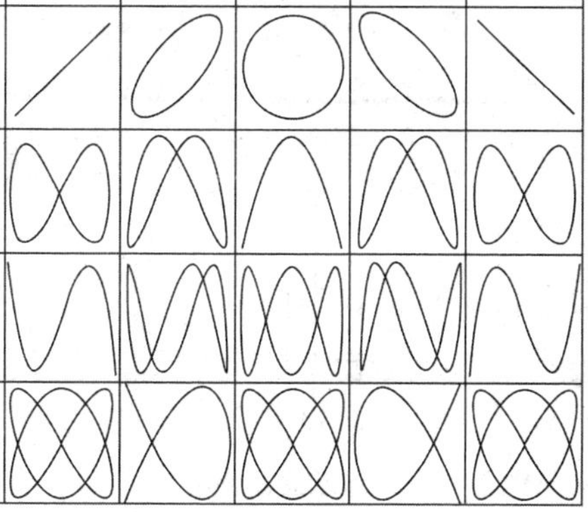

频率比	相位差					f_x	f_y	N_x	N_y
	0	$\frac{1}{4}\pi$	$\frac{1}{2}\pi$	$\frac{3}{4}\pi$	π				
$1:1$						100	100	1	1
$1:2$						100	200	2	1
$1:3$						100	300	3	1
$2:3$						200	300	3	2

图 4-2-5 李萨如图形举例

3. SDG-830 信号发生器简介

SDG-830 信号发生器面板如图 4-2-6 所示。

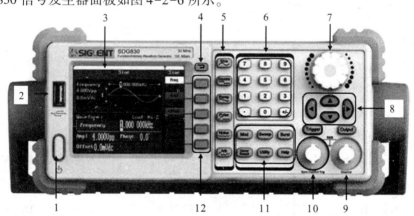

1—电源键；2—USB 接口；3—液晶显示屏；4—返回键；5—波形选择区；6—数字键；7—旋钮；
8—方向键；9—CH1 控制/输出端；10—触发控制/输出端；11—模式/辅助功能键；12—菜单软键。

图 4-2-6 SDG-830 信号发生器面板

液晶显示屏上出现的英文单词含义：Frequency—频率，Ampl—幅值，Offset—偏移量，Phase—相位，load—负载。波形选择区单词含义：Sine—正弦波，Square—方波，Ramp—三角波，Pulse—脉冲波，Noise—噪声信号，Arb—任意波。

选择对应的波形，按空白键(返回键下方)，可以改变其"频率/周期""幅值/高电平"

"偏移量/低电平""起始相位"等参数。

通过信号发生器选择信号，同时设定好信号的频率和电压幅值，输出端连接到示波器的 CH1 和 CH2 通道。输出信号时，需连接 CH1 控制/输出端，同时按 Output 键。

4. MOS-640 双踪示波器简介

MOS-640 双踪示波器面板如图 4-2-7 所示。

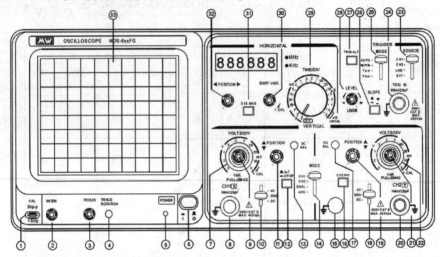

图 4-2-7 MOS-640 双踪示波器面板

面板上主要控制键介绍如表 4-2-1 所示。

表 4-2-1 主要控制键介绍

功能	序号	设置
电源(POWER)	6	关
亮度(INTEN)	2	中间位置
聚焦(FOCUS)	3	设定
交替/断续(ALT/CHOP)	12	释放
通道 2 反向(CH2 INV)	16	释放
垂直位置（▲▼POSITION）	11、19	居中
垂直电压衰减（VOLTS/DIV）	7、22	0.5V/DIV
微调(CAL)	9、21	校正位置(最右侧)
AC-GND-DC	10、18	DC
触发源(SOURCE)	23	CH1/CH2
极性（SLOPE）	26	+
触发交替选择(TRIG. ALT)	27	释放
触发电平(LEVEL)	28	+
触发方式(TRIGGER MODE)	25	自动

续表

功能	序号	设置
扫描时间（TIME/DIV）	29	0.5msec/DIV
微调（SWP. VER）	30	校正位置（最右侧）
水平位置（◄►POSITION）	32	居中
扫描扩展（X10 MAG）	31	释放

以上为示波器的最基本的操作，通道2的操作与通道1的操作相同。

【实验内容与步骤】

1. 熟悉示波器面板上各旋钮及其作用，并观察校准信号

（1）实验开始先把常用旋钮（亮度、位置等）调到中间位置，打开示波器开关预热，触发方式选择"自动"，屏幕显示一条亮线，调节"亮度""聚焦"旋钮使亮线细而清晰。

（2）对示波器进行校准。将校准信号分别接入CH1和CH2通道进行校准。校准信号从信号发生器发出，为0.5 V、1 000 Hz的方波信号，发现纵向占5格，每格0.1 V，横向占4格，每格250 ms，信号与标准信号吻合，校准完毕。如果不吻合，可调节微调旋钮进行校准。

（3）正式实验开始前，注意"4选择"：①选通道，②选触发源，③选耦合方式，④选触发方式；"3调节"：①调节示波器CH1通道竖直电压量程波形的纵向显示占屏幕的2/3，②调节时间扫描旋钮使屏幕上显示1~2个完整波形，③调节竖直、水平位置旋钮使波形居中。

（4）其他旋钮设置。校准好信号之后，将触发电平（LEVEL）调至"+"位置，衰减电压微调（CAL）、扫描时间微调（SWP. VER）至校正位置（最右侧）。

2. 示波器波形周期、电压的测量

把信号发生器的正弦信号接到CH1（或CH2）输入端，用示波器测量正弦电压的幅值和周期，并和信号发生器上显示的频率值比较；把测量结果填入表4-2-2、表4-2-3。

周期：$T=$扫描时间灵敏度×格数h；**电压**：$U_{\text{PP}}=$电压衰减灵敏度×格数h。

3. 李萨如图形的观察

（1）把一台信号发生器的信号接到CH2通道，作为待测信号频率。而CH1通道接入可调信号，作为标准信号频率。

（2）扫描时间旋钮调至"X-Y"模式。

（3）调整标准正弦波的频率，使按频率比满足1∶1，2∶1，3∶2，4∶1，观察李萨如图形，改变相位差，判断水平和竖直的切点数，将数据填入表4-2-4。

（4）观察时若图形大小不合适，可调节"V/DIV"和CH1相连的信号发生器输出电压。

【数据记录与处理】

表4-2-2 频率测量结果（信号发生器输出电压设定为$U_{\text{PP}}=2$ V）

次数	1	2	3	4	5
信号发生器频率f_0/Hz	100.00	300.00	800.00	2000.00	5000.00

次数		1	2	3	4	5
示波器测量值	扫描时间灵敏度/ms					
	格数 h(保留 2 位小数)					
	周期 T/ms					
示波器测量频率 f'/Hz						
相对误差 $\dfrac{\lvert f'-f_0 \rvert}{f_0}\times 100\%$						

测量频率相对误差应小于或等于 5%。

$f = \dfrac{1}{T}$，并计算每个频率的测量相对误差 $\dfrac{\lvert f'-f_0 \rvert}{f_0}\times 100\%$。

表 4-2-3　电压测量结果(信号发生器输出频率设定为 1 000 Hz)

次数		1	2	3	4
信号发生器输出幅值 U_{PP}/V		0.30	0.50	1.60	3.00
示波器测量值	衰减电压灵敏度/V				
	格数 h(保留 2 位小数)				
	U'_{PP}/V				
万用表测信号发生器峰值有效值 U_{eff}/V					
示波器测量值有效值 U'_{eff}/V					
相对误差 $\dfrac{\lvert U'_{PP}-U_{PP} \rvert}{U_{PP}}\times 100\%$					

测量电压相对误差应小于或等于 10%。

$U_{eff} = \dfrac{U_{PP}}{2\sqrt{2}}$，并计算每个电压幅值的测量相对误差 $\dfrac{\lvert U'_{PP}-U_{PP} \rvert}{U_{PP}}\times 100\%$。

表 4-2-4　李萨如图形的观测结果

$f_x : f_y$	1 : 1	2 : 1	3 : 2	4 : 1
f_x/Hz				
f_y/Hz				
李萨如图形(画图)				
N_x				
N_y				
相位差 $\Delta\varphi$				

【注意事项】

(1)必须先了解示波器、信号发生器面板上各个主要旋钮的功能后，再开始实验。

(2)荧光屏上的亮点不可调得太亮，切不可将亮点固定在荧光屏上某一位置时间过长，以免损坏荧光屏。

(3)示波器上所有开关都具有一定的强度和调节角度，调节时不要用力过猛。

(4)仪器在使用前，应对"衰减电压"和"扫描时间"进行校准。

【思考题】

(1)如果示波器是正常的，但屏上既看不到扫描线又看不到光点，可能的原因是什么？应分别作怎样的调节？

(2)如果波形不稳定，出现左移或右移的原因是什么？如何调节？

(3)若被测信号幅度太大(在不引起仪器损坏的前提下)，则在屏上看到什么图形？

(4)在本实验中，利用李萨如图形测量频率时，为什么屏上的图形在时刻转动？

§4.3　电学元件伏安特性的测量

电路中有各种电学元件。利用滑动变阻器的分压接法，通过电压和电流表正确地测出各电学元件的电压与电流的变化关系，这一方法称为伏安测量法(简称伏安法)。伏安法是电学中常用的一种基本测量方法。

【实验目的】

(1)掌握电学元件伏安特性测量的基本方法。
(2)掌握线性电阻元件、非线性电阻元件伏安特性的逐点测试法。
(3)学会正确使用电学基本测量仪器。

【实验仪器】

ZRFXX-1型非线性元件伏安特性实验仪(由直流稳压电源、可变电阻箱、电压表、电流表及被测元件等组成)，万用表。

【实验原理】

1. ZRFXX-1型非线性元件伏安特性实验仪简介

(1)直流稳压电源。输出电压：0~20 V；负载电流：0~0.5 A；输出电压调节：分粗调、细调；输出带有通断开关 K_1，方便在通电前检查或紧急时断开稳压电源。

(2)可变电阻箱。可变电阻箱由100 Ω 大功率限流电阻、(0~10)×100 Ω 和(0~10)×10 Ω 两位可变电阻开关盘构成。电阻变化范围：100~1 200 Ω，最小的步进为10 Ω；可变电阻箱的功率为2 W，精确度为1 %。

(3)电压表。电压表量程转换是由专用插头的转接完成的，输入电压负极接于"0"，输入电压正极按量程需要分别接于"20 V""2 V"或"200 mV"插座中。电压表等效图如图 4-3-1 所示。

使用注意：当待测电压大小未知时，应首选 20 V 量程，观察待测电压大小后，再选择合适的量程。仪器面板虚线所标的"V外接""V内接"是指测量时电压表的接线方式，对应于其他教材中所描述的"电压表外接""电压表内接"。

(4)电流表。电流表量程转换是由波段开关完成的。电流表等效图如图 4-3-2 所示。

使用注意：当待测电流未知时，应首选 200 mA 量程，观察待测电流大小后，再选择最佳的量程。

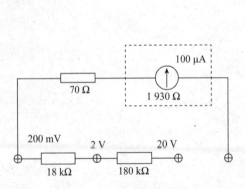

图 4-3-1　电压表等效图

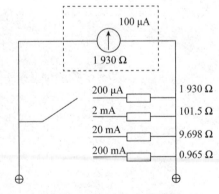

图 4-3-2　电流表等效图

（5）被测元件。

二极管：IN4007 硅整流二极管，最高反向峰值电压 700 V，实际测量最大电流为 0.2 A。

稳压管：稳压电压约 9.1 V，最大工作电流 20 mA。

发光二极管：额定电压 1.8～2.2 V，正常工作电流小于 10 mA，最大允许电流 20 mA。

钨丝灯泡：额定电压 24 V，功率 2 W，电阻未知。

2. PN 结及二极管简介

1）PN 结的形成

PN 结是由一个 N 型掺杂区和一个 P 型掺杂区紧密接触所构成的。在一块完整的硅片上，用不同的掺杂工艺使其一边形成 N 型半导体，另一边形成 P 型半导体，称两种半导体的交界面附近的区域为 PN 结。由于电子和空穴存在浓度差，在它们交界的地方，电子和空穴就发生扩散运动，在 PN 结边界附近形成一个空间电荷区，在 PN 结中产生一个内电场 E_i，内电场的方向由 N 区指向 P 区，如图 4-3-3 所示。

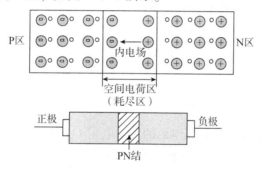

图 4-3-3 PN 结

2）PN 结的单向导电特性

很显然，给 PN 结加一个反方向的更大的电场，即 P 区接外加电源的正极，N 区接负极，就可以抵消其内电场，使载流子可以继续运动，从而形成线性的正向电流。而外加反向电压则相当于内电场更大，PN 结不能导通，仅有极微弱的反向电流（由少数载流子的漂移运动形成，因载流子数量有限，电流饱和）。当反向电压增大至某一数值时，因少子的数量和能量都增大，会碰撞破坏内部的共价键，使原来被束缚的电子和空穴被释放出来；不断增大电流，最终 PN 结将被击穿损坏（变为导体），反向电流急剧增大。这就是 PN 结的特性（单向导通、反向饱和漏电或击穿导体）。

3）二极管的伏安特性（非线性电阻）

如图 4-3-4 所示，二极管在正向连接时，电路中电流比较大，很容易导通。随着正向电压的增加，电流增加，但电流的大小并不与电压成正比。即 $R = \dfrac{U}{I}$ 成立，但 R 不为常数，且其值变化范围很大。以正向电压 U 和正向电流 I 的对应关系作图，称为二极管的正向伏安特性曲线（见图 4-3-5）。从图 4-3-5 可以看出，随着正向电压的增加，电流也随着增加，开始时电流随电压变化很慢，当正向电压增至接近二极管的导通电压（硅管为 0.6～0.7 V，锗管为 0.2～0.3 V）时，电流有较大变化。导通后，若电压有少许变化，则电流会有更大的变化

（在额定电流范围内）。

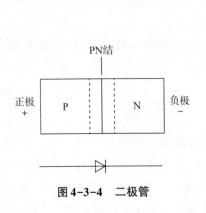

图4-3-4　二极管

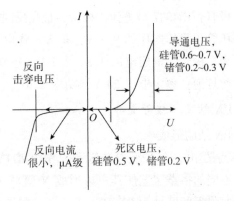

图4-3-5　二极管的正向伏安特性曲线

同样地，测二极管的正向伏安特性曲线，也要考虑到电流表内接或外接的问题，以尽量减小电表的测量误差。若给二极管加反向电压，电压较小时，二极管截止，但一般会有较小的反向电流，其值随反向电压的增高而增加，但特别缓慢，几乎保持一恒定量。当反向电压增加至二极管击穿电压时，电流猛增，此时二极管被击穿。

【实验内容与步骤】

1. 测定线性电阻的伏安特性

按图4-3-6接线。调节直流稳压电源的输出电压 U，从0 V开始缓慢地增加（不得超过10 V），将相应的电压表和电流表的读数记入表4-3-1。

2. 测定白炽灯泡的伏安特性

将图4-3-6中的1 kΩ线性电阻 R 换成一只24 V、2 W的灯泡，重复"1. 测定线性电阻的伏安特性"的步骤，将相应的电压表和电流表的读数记入表4-3-2。

3. 测定二极管的伏安特性

二极管正向导通时，呈现的电阻值较小，可采用电流表外接测试电路。连接电路时，将电压表的正端连接至电流表的负端，电流表负端连接至二极管正端（仪器面板上的二极管左端）。按图4-3-7接线，R 为限流电阻，取200 Ω，二极管的型号为IN4007。将数据填入表4-3-3。

测反向伏安特性时，由于二极管在反向导通时，呈现的电阻值很大，而其电流值很小，所以采用电流表内接测试电路，将电压表的正端连接至电流表正端，电流表负端连接至二极管的负端（仪器面板上的右端），二极管的正极连接至电压表负端。将数据填入表4-3-4。

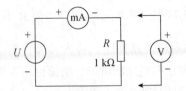

图4-3-6　测定线性电阻的伏安特性

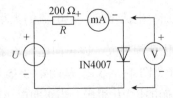

图4-3-7　测定非线性电阻（二极管）的伏安特性

【数据记录与处理】

表 4-3-1　测定线性电阻的伏安特性

次数	1	2	3	4	5	6	7	8	9	10
U/V										
I/mA										

表 4-3-2　测定白炽灯泡的伏安特性

次数	1	2	3	4	5	6	7	8	9	10
U/V										
I/mA										

表 4-3-3　测定二极管的正向伏安特性

次数	1	2	3	4	5	6	7	8	9	10
U_{D+}/V										
I/mA										

表 4-3-4　测定二极管的反向伏安特性

次数	1	2	3	4	5	6	7	8	9	10
U_{D-}/V										
I/mA										

　　将测得的数据，用作图法绘出电阻、灯泡、二极管的伏安特性曲线，并对测量结果加以说明。

【注意事项】

　　（1）每次连接线路时要断开电源，不要带电操作，防止短路。拆线时也要先断开电源。

　　（2）测量二极管的正向伏安特性时，电流会随所加电压的增加由零很快增到很大，此时要注意电流的控制。

　　（3）测量二极管的反向伏安特性时，加在二极管上的电压不得超过二极管允许的最大反向电压值，防止二极管反向击穿。

【思考题】

　　（1）如何用万用表判断二极管的极性即检验其基本功能？

　　（2）用万用表的电阻挡测量二极管的正向导通电阻时，在不同的倍率挡位得到的直流电阻将各不相同，试实际测量并说明原因。

　　（3）测量二极管的正、反向伏安特性时为什么选用不同的接法？

§4.4 用惠斯登电桥测电阻

桥式电路是最常见的电路，由桥式电路制成的电桥是一种精密的电学测量仪器，可用来测量电阻、电容、电感等物理量，并能通过转换测量，测出其他非电学物理量，如温度、压力、频率、真空度等。电桥是一种用比较法测量的仪量，将未知量跟已知量相比较进行测量，它具有较高的灵敏度和准确度，在自动控制和瞬息万变的检测中得到了广泛的应用。

【实验目的】

(1)了解惠斯登电桥的结构和测量原理。

(2)学会使用自搭惠斯登电桥测量电阻的方法。

(3)了解提高电桥灵敏度的几种方法。

(4)学会使用箱式惠斯登电桥测量电阻。

【实验仪器】

直流稳压电源，检流计，滑动变阻器，电阻箱(三个)，待测电阻，导线，箱式惠斯登电桥等。

【实验原理】

惠斯登电桥适用于测量中等大小阻值的电阻，测量范围为 $10 \sim 10^6$ Ω。电桥测量具有准确度高、稳定性好和使用方便等特点，已被广泛地应用在电磁测量、自动调节、自动控制和非电量的测量中。

1. 惠斯登电桥测电阻的原理

图 4-4-1 为惠斯登电桥测电阻的原理图，由 R_1、R_2、R_0 和待测电阻 R_x 四个电阻构成电桥的四个"臂"，检流计 G 连通的 CD 称为"桥"。当 AB 端加上直流电源时，桥上的检流计用来检测其间有无电流及比较"桥"两端(即 CD 端)的电势大小。

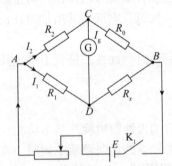

图 4-4-1　惠斯登电桥测电阻的原理图

调节 R_1、R_2 和 R_0，可使 CD 两点的电势相等，检流计 G 指针指零(即 $I_g = 0$)，此时，电桥达到平衡。电桥平衡时，$U_{AC} = U_{AD}$，$U_{BC} = U_{BD}$，即 $I_1 R_1 = I_2 R_2$，$I_x R_x = I_0 R_0$。因为 G 中无电流，所以 $I_1 = I_x$，$I_2 = I_0$。将以上几式联立，得：

$$\frac{R_1}{R_x} = \frac{R_2}{R_0} \tag{4-4-1}$$

则：

$$R_x = \frac{R_1}{R_2} R_0 = C R_0 \tag{4-4-2}$$

式(4-4-2)即为电桥平衡条件。

显然，惠斯登电桥测电阻的原理，就是采用电压比较法。由于电桥平衡须由检流计示零表示，故用惠斯登电桥测电阻的方法又称为零示法。当电桥平衡时，电桥相邻臂电阻之比值相等，或臂电阻之乘积相等。若已知 R_1、R_2、R_0 三个桥臂电阻，另一桥臂的待测电阻 R_x 即可由式(4-4-2)求出。通常称 R_0 为比较臂，R_1/R_2(即 C)为比率(或倍率)，R_x 为电桥未知臂。在测量时，要先知道 R_x 的估测值，根据 R_x 的大小，选择合适的比率，把 R_0 调在预先估计的数值上，再细调 R_0 使电桥平衡。利用惠斯登电桥测电阻，从根本上消除了采用伏安法测电阻时由于电表内阻接入而带来的系统误差，因而准确度提高了。

2. 电桥的灵敏度

式(4-4-2)是在电桥平衡的条件下推导出的，而电桥是否平衡，实验时是看检流计 G 指针有无偏转来判断。实验时所使用的检流计指针偏转 1 格所对应的电流大约为 10^{-6} A，当通过它的电流小于 10^{-7} A 时，指针的偏转小于 0.1 格，就很难察觉出来。假设在电桥平衡后，把 R_0 改变一个量 ΔR_0，电桥就应失去平衡，从而有电流 I_g 流过检流计，但如果 I_g 小到使检流计的偏转 Δn 都觉察不出来，则认为电桥还是平衡的，因而得出 $R_x = \frac{R_1}{R_2}(R_0 + \Delta R_0)$，但实际上 $R_x = \frac{R_1}{R_2} R_0$，$\Delta R_x$ 就是由于检流计灵敏度不够而带来的测量误差，为 $\Delta R_x = \frac{R_1}{R_2} \Delta R_0$。对此，引入电桥灵敏度 S 的概念，它定义为：

$$S = \frac{\Delta n R_x}{\Delta R_x}$$

式中，Δn 是由于电桥偏离平衡而引起的检流计的偏转格数。S 越大，说明电桥越灵敏，误差也就越小。实际测量中可采取在电桥平衡后，改变比较臂为 $\Delta R_0{}^*$，若使检流计偏离零点 5 小格，则 $\Delta R_0 = \frac{1}{50} \Delta R_0{}^*$，最后求得由电桥灵敏度引入的测量误差为：

$$\Delta R_x{}' = C \Delta R_0 = \frac{R_1}{R_2} \times \frac{1}{50} \times \Delta R_0{}^*$$

如果由于检流计灵敏度不够，或通过它的电流太微弱而无法觉察出来，这时如果把电源电压增高，便相应地增大了微弱电流，从而使检流计指针发生较大的偏转。因此，检流计的灵敏度和电源电压的高低都对电桥灵敏度有影响。$S = \frac{\Delta n R_x}{\Delta R_x}$ 是对特定的电桥、检流计和电源电压而言的。

【实验内容与步骤】

1. 用自搭电桥测电阻

(1)测已知阻值的电阻，用电阻箱、检流计等元件组成惠斯登电桥测电阻。

①参照图4-4-1用三个电阻箱和检流计组成一电桥。取 $R_1 = R_2 = 500\ \Omega$，即 $C = 1$。

②连接待测电阻 R_x，取 R_0 等于 R_x 标准值，闭合开关，观察检流计指针偏转方向和大小，改变 R_0 再观察，直至检流计指针无偏转。检流计 G 和滑动变阻器阻值取最小。

③改变 C 值，令 $C=2$，3，4等，重复上述步骤，将实验数据填入表4-4-1。

(2)测量未知阻值的电阻(2个)：方法同已知电阻测量步骤，将数据填入表4-4-2、表4-4-3。

注意：实验过程中为了保护检流计，应特别注意"先粗调，后细调"。

2. 用箱式惠斯登电桥测电阻

(1)测量前。根据待测电阻的标称值选择单桥倍率、工作电源、4个电阻盘示值；电源选择旋钮旋到"外接"；将待测电阻接入单臂电桥被测电阻接线端钮之间；调节调零旋钮，将检流计指针调至0，检流计灵敏度置于较低位置(若检流计已坏，则采用外接检流计的方法)；按下 G 按钮(此时 B 按钮不按下)，再次将检流计指针调至0。

(2)开始测量。按下 B 按钮，间歇按下 G 按钮，根据检流计指针偏转情况，调节4个电阻盘示值，使检流计指针指0；提高检流计灵敏度，再次调节电阻盘，使检流计指针再次指0，电桥平衡。记下4个电阻盘的值之和并填入表4-4-4。

(3)更换待测电阻，重复步骤(2)；电桥使用完毕，放开按钮 B、G，调节4个电阻盘的值为零，取出待测电阻。

【数据记录与处理】

表4-4-1　测量已知电阻的阻值(标准阻值 $R_{x1} = $ _____ Ω)

次数	1	2	3	4
R_1/Ω				
R_2/Ω				
比率 C				
R_0/Ω				
R_{x1}/Ω				

要求：计算 R_{x1} 的平均值，与标准值比较，计算相对误差；分析误差原因。

表4-4-2　测量未知电阻的阻值(一)

次数	1	2	3	4
R_1/Ω				
R_2/Ω				
比率 C				
R_0/Ω				
R_{x2}/Ω				

表 4-4-3　测量未知电阻的阻值(二)

次数	1	2	3	4
R_1/Ω				
R_2/Ω				
比率 C				
R_0/Ω				
R_{x3}/Ω				

要求：计算 R_{x2} 和 R_{x3} 的平均值；分析误差原因。

表 4-4-4　用箱式惠斯登电桥测电阻的实验数据(R_x = 比率 × R)

待测电阻 R_x 序号	比率 C	4 个电阻盘阻值之和 R/Ω	R_x/Ω
1			
2			
3			

要求：计算各测量元件的平均值，计算相对误差；分析误差原因。

【注意事项】

(1)每次测量时，通过电流表的电流 I_g 不能超过 30 mA。

(2)每次连接线路时要断开电源，不要带电操作，防止短路。拆线时也要先断开电源。

(3)实验中使用单边导通开关，接线时要注意同一侧的接线柱才导通。

【思考题】

(1)在调节 R_0 的过程中，若检流计相邻两次偏转方向相同或相反，各说明什么问题？下一步应当怎样调节 R_0，才能尽快找到平衡？

(2)电桥的平衡与工作电流的大小有关系吗？为什么？

(3)为了提高电桥测量的灵敏度，应采取哪些措施？为什么？

§4.5 用模拟法测绘静电场

带电体的周围产生静电场，场的分布是由电荷分布、带电体的几何形状及周围介质所决定的。由于带电体的形状复杂，大多数情况求不出电场分布的解析解，因此只能靠数值解法求出或用实验方法测出电场分布。直接用电压表去测量静电场的电势分布往往是困难的，因为静电场中没有电流，磁电式电表不会偏转；而且与仪器相接的探测头本身总是导体或电介质，若将其放入静电场，探测头上会产生感应电荷或束缚电荷，这些电荷又产生电场，与被测电场迭加起来，使被测电场产生显著的畸变。因此，实验时一般采用一种间接的测量方法（即模拟法）来解决。

【实验目的】

（1）懂得模拟法的适用条件。

（2）对于给定的电极，能用模拟法求出其电场分布。

（3）加深对电场强度和电势概念的理解。

【实验仪器】

双层静电场测试仪，坐标纸。

【实验原理】

1. 模拟法使用条件

通常模拟场一定要易于实现并比原物理场便于测量；此外，模拟场还因具备以下条件：

（1）与原物理场有一一对应的物理量；

（2）对应物理量遵从的物理规律具有相同的数学表达式。

总之，如果两种物理状态或过程可以转换成相同的数学语言表达，则两者原则上就可以互相模拟。例如：电流场不仅可以模拟静电场，还可以模拟扩散运动中的稳定浓度分布、热传导过程中的稳定温度分布、流体力学中的速度场等。

本实验采用均匀导电介质中的稳恒电流场模拟均匀电介质中的静电场。它们具备相互模拟的条件，例如：

$$
稳恒电流场（无电流区）：
\begin{cases}
\oint_S \boldsymbol{j} \cdot \mathrm{d}\boldsymbol{S} = 0 \\[2mm]
\oint_L \boldsymbol{j} \cdot \mathrm{d}\boldsymbol{L} = 0
\end{cases}
$$

$$
静电场（无电荷区）：
\begin{cases}
\oint_S \boldsymbol{E} \cdot \mathrm{d}\boldsymbol{S} = 0 \\[2mm]
\oint_L \boldsymbol{E} \cdot \mathrm{d}\boldsymbol{L} = 0
\end{cases}
$$

两场服从的规律的数学形式相同，如又满足相同的边界条件，则电场、电势分布完全相类似，所以可用稳恒电流场模拟静电场。

实验中，将被测模拟的电极系放入填满均匀的导电纸上，电极系加上稳定电压，再用检流计或高内阻电压表测出电势相等的各点，描绘出等势线，再根据等势线与电场线正交的关系描出电场线，从而确定出电场的分布。

2. 同轴圆形电极

均匀异号无限长同轴圆柱形带电体，两圆柱之间空间电场的分布虽属三维，但由于该电场分布的特点是电场线垂直于轴线，并在垂直于轴线的平面内。因此三维问题可简化为二维问题，即同轴圆形电极间的电场，用等势线即可描述电场的性质。模拟的电流场也要在垂直于轴的平面内，电流场中导电质只需要充满该平面即可。

1）静电场

如图 4-5-1 所示，圆柱导体 A 和圆柱壳导体 B 同心放置，分别带 $\pm Q$ 的电荷，设内外圆柱面的半径分别为 r_a 和 r_b，电荷线密度为 λ，则由对称性及高斯定理可得，距轴心半径为 r 处的各点 E 的大小为：

$$E = \frac{\lambda}{2\pi\varepsilon_0 r} \tag{4-5-1}$$

E 的方向垂直轴心向外。其电势 $U(r)$ 为：

$$U(r) = U(r_a) - \int_{r_a}^{r} E\,dr = U(r_a) - \frac{\lambda}{2\pi\varepsilon}\ln\frac{r}{r_a} \tag{4-5-2}$$

令 $r = r_b$ 时，$U(r) = 0$，则可得 A、B 两电极间任一半径为 r 的柱面的电势为：

$$U(r) = U(r_a)\frac{\ln(r_b/r)}{\ln(r_b/r_a)} \tag{4-5-3}$$

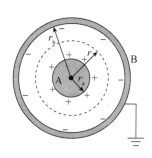

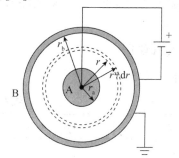

图 4-5-1 同轴圆柱面的电场分布　　　**图 4-5-2 不良导体圆柱面电势分布**

2）稳恒电流场

在电极 A、B 间用均匀的不良导体（如导电纸、稀硫酸铜溶液或自来水等）连接或填充时，接上电源（设输出电压为 U_A）后，不良导体中就产生了从电极 A 均匀辐射状地流向电极 B 的电流。电流密度为：

$$j = \frac{E'}{\rho} \tag{4-5-4}$$

式中，E' 为不良导体内的电场强度；ρ 为不良导体的电阻率。

推导可得，半径为 r 的圆柱面的电势为：

$$U(r) = U(r_a)\frac{\ln(r_b/r)}{\ln(r_b/r_a)} \tag{4-5-5}$$

结论：稳恒电流场与静电场的电势分布是相同的。由于稳恒电流场和静电场具有这种等效性，因此要测绘静电场的分布，只要测绘相应的稳恒电流场的分布就行了。

【实验内容与步骤】

1. 测量无限长同轴圆柱间的电势分布

（1）用游标卡尺分别测出电极 A 和 B 的直径 $2r_a$ 和 $2r_b$，填入表4-5-1。

（2）下层板上放置水槽式无限长同轴圆柱面电场模拟电极，加自来水填充在电极间。

（3）接好电路。调节探针，使下探针浸入自来水中，触及水槽底部；接通电源，调节交流输出电压，使 AB 两电极间的电压为交流 12 V，保持不变。

（4）移动探针，分别放置水槽上各圆环上，测定各半径所对应的电势值，记录相对应的电势值于表4-5-2。

（5）计算各相应坐标 r 处的电势的理论值 $U_{理}$ $\left[$计算公式为 $U_{理} = U(r_a)\dfrac{\ln(r_b/r)}{\ln(r_b/r_a)}\right]$，并与实验值比较，计算相对误差。

（6）根据等势线与电场线相互正交的特点，在等势线图上添置电场线，成为一张完整的两无限长带等量异号电荷同轴圆柱面的静电场分布图。

（7）以 $\ln r$ 为横坐标，$U_{测}$ 为纵坐标，作 $U_{测}$ – $\ln r$ 曲线，并与 $U_{理}$ – $\ln r$ 曲线比较。

2. 测量聚焦电极的电势分布（选做）

分别测 10.00 V、9.00 V、8.00 V、7.00 V、6.00 V、5.00 V、4.00 V、3.00 V、2.00 V、1.00 V、0.00 V 等的等势点，一般先测 5.00 V 的等势点，因为这是电极的对称轴。其他步骤同上。

【数据记录与处理】

1. 数据记录

表4-5-1　电极直径

项目	1	2	3	4	5
$2a$/cm					
$2b$/cm					
U_A/V					

表4-5-2　各半径对应的电势值

r/cm	$U_{实}$/V											$\overline{U_{实}}$/V	$U_{理}$/V
	0	1	2	3	4	5	6	7	8	9	10		
1													
2													
3													
4													

计算不同半径下测量结果的相对误差 $\dfrac{U_实 - U_理}{U_理} \times 100\%$。

2. 数据处理

（1）用圆规和曲线板绘出圆柱形同轴电缆和聚焦电极的电场等势线（注意电极的位置）；

（2）根据电场线垂直等势线，绘出圆柱形同轴电缆和聚焦电极的电场线；

（3）对所测得的结果进行分析（具体到是何种原因导致测量结果的增大或减小）。

【注意事项】

（1）测量电势时，探针应垂直于介质表面测量，保证探针与介质的接触是点接触。

（2）测量的等势点应均匀分布，用符号"×"表示。

（3）根据等势线作电场线时，应注意电场线与等势线处处垂直。

【思考题】

（1）若将实验电压加倍或者减半，电场分布有什么变化（试以同轴圆形电极电场进行讨论）？

（2）实验中若采用交流电源，产生的是变化的电流场，用它模拟稳恒电流场合适吗？为什么？

（3）在测绘长直同轴圆柱面的电场时，什么因素会使等势线偏离圆形？

§4.6　超导体磁浮力测量

超导体又称超导材料，指在某一温度下，电阻为零的导体。在实验中，若导体电阻的测量值低于 10^{-25} Ω，可以认为电阻为零。1911 年荷兰物理学家卡曼林–昂尼斯首先发现汞在 4.173 K 以下失去电阻的现象，并初次称之为"超导性"。1986 年，高温超导体的研究取得重大突破，在与世界各国的超导体特性研究竞赛中，中国科学家奋起直追，达到世界一流水平。现已知道，许多金属(如锡、铝、铅、钽、铌等)、合金(如铌–锆、铌–钛等)和化合物(如Nb3Sn、Nb3Al 等)都是可具有超导性的材料。

【实验目的】

(1) 了解超导材料磁浮力的基本知识。

(2) 掌握超导材料磁浮力测量的基本原理及方法。

(3) 测量零场冷、场冷条件下产生的超导材料磁浮力。

【实验仪器】

手动式超导体磁浮力测量仪。如图 4-6-1 所示，本测量仪包括用于支撑、固定各功能部件的机架，置放被测超导样品的低温容器，测量用磁体，垂直移动机构，力与位移的测量元件和输出信号显示单元。

图 4-6-1　手动式超导体磁浮力测量仪

【实验原理】

1. 超导体简介

物体从正常态过渡到超导态是一种相变，发生相变时的温度称为此超导体的"转变温度"(或"临界温度")。1933 年迈斯纳和奥森菲尔德又共同发现金属处在超导态时其体内磁感应强度为零，即把原来在其体内的磁场排挤出去，这个现象称之为迈斯纳效应。

目前所发现的超导体有两类。第一类只有一个临界磁场；第二类超导体有下临界磁场 Hc1 和上临界磁场 Hc2。当外磁场的磁感应强度达到 Hc1 时，第二类超导体内出现正常态和超导态相互混合的状态，只有当外磁场的磁感应强度增大到 Hc2 时，其体内的混合状态才消失而转化为正常导体。现在已制备上临界磁场很高的超导材料(如 Nb3Sn 的 Hc2 达 22 T，Nb3Al0.75Ge0.25 的 Hc2 达 30 T)，但是，迈斯纳效应对第一类超导体而言，它对外磁场产生的排斥力很小，没有实际应用价值。而对第二类超导体来说，在混合态(迈斯纳态与正常态之间的过渡超导状态)下不存在完全抗磁性，其磁化强度随外磁场的变化而变化，即具有部分抗磁性。

当将一个永久磁铁移近 YBCO 超导体表面时，磁通线从表面进入超导体内部，在超导体内形成很大的磁感应强度梯度，感应出体电流，从而对永久磁铁产生排斥；当永久磁铁远离超导体移动时，在超导体内感应出反向的体电流，对永久磁铁产生吸引。与常规永久磁铁之间同性相斥，异性相吸的作用不同，超导体与永久磁铁之间的作用与超导体的励磁过程有关。基于超导体和外磁场之间的这种既排斥又相吸的相互作用，不论是超导体还是永久磁铁都可以克服自身重力，悬浮或倒挂在对方的上面或下面，用以制造产生强磁场的超导磁体。超导体的应用目前正逐步发展为先进技术，用在加速器、发电机、电缆、贮能器、交通运输设备以及计算机方面。1962 年发现了超导隧道效应即约瑟夫逊效应，并已用于制造高精度的磁强计、微波探测器等。1987 年研制出 YBaCuO 体材料，转变温度达到 90 ~ 100 K，零电阻温度达 78 K，也就是说过去必须在昂贵的液氦温度下才能获得超导性，而现在已能在廉价的液氮温度下获得。近年来，超导方面的工作正在突飞猛进。

完全抗磁性和**零电阻效应**是超导材料的主要特征之一。当一个超导体处于外磁场中时，由于抗磁性和磁通钉扎效应的作用，在超导体内部将感应出屏蔽电流，又由于零电阻效应，屏蔽电流几乎不随时间衰减。在超导体内持续流动的屏蔽电流产生的磁场与外磁场发生相互作用，从而产生超导磁悬浮现象。

2. 测力仪表的使用

1)零点校正

(1)测量前发现仪表显示不为零时，记下初始数值；

(2)按住设置键 ■ 直至显示 0 A；

(3)按 ◀ 键进入修改状态，在 ◀，▲，▼ 键的配合下将其修改为 1111，按 ■ 键退出；

(4)再次按住设置键 ■ 直至显示 CncH；

(5)反复按 ■ 键，直至显示 Cn-A，通过 ▲，▼ 键的配合，加(减)显示的初始数值，按 ■ 键退出；

(6)按住设置键 ■ 直至回到测量状态。

注：改进型号按住 ◀ 可直接清零。

2)灵敏度调节

本仪器最小测量精度为小数点后两位(0.01 kg)，如果需要测量结果显示为小数点后一位，可按照以下步骤进行调整：

(1)按住设置键 ■ 直至显示 0 A；

(2)按 ◀ 键进入修改状态，在 ◀，▲，▼ 键的配合下将其修改为 1111，按 ■ 键退出；

（3）再次按住设置键 ⚫ 直至显示 CncH；

（4）反复按 **MOD** 键，直至显示 Cn-d，通过 ▲，▼ 键的配合，改变小数点的位置，按 **MOD** 键退出；

（5）按 **MOD** 键进入 F-r 设置，修改量程至 50.00 kg（出厂设置为 50.00 kg）。

（6）重新调节零点；

（7）按住设置键 ⚫ 直至回到测量状态。

【实验内容与步骤】

1. 零场冷实验过程

（1）打开力显示单元的电源开关，预热 10 min。力显示值约为-0.04 kg（当容器中注满液氮时，显示值为零），如不为此值，按 ◀ 键直接清零。

（2）用螺钉将样品固定在试样架中心（卡住即可，不必用劲拧，以免损坏样品），然后将试样架安装在容器中，使样品上表面低于容器上表面。

（3）逆时针转动手柄，使磁体向下移动至磁体与样品接触，调整磁体位置使其与样品对中，打开深度尺电源开关并使数值归零。

（4）顺时针转动手柄，使磁体远离样品，上移至大于 40 mm 的位置。

（5）向低温容器中注入液氮，使样品在没有外磁场作用的条件下冷却至液氮温度（零场冷）。保持液氮面略高于样品上表面（测试过程中因液氮蒸发液面下降时，可随时添加液氮）。

（6）按一定步长（转动手柄 1 圈，磁体移动约 1.5 mm）逆时针转动手柄，向下移动磁体，同时从深度尺和数字电压表上分别读取距离和力的数据，由于超导体内存在磁通流动和磁通蠕动，力的数值会随时间衰减，为尽量减少测量误差，建议在第一时间读取距离与力的数值。

（7）在磁体距样品约 3 mm 处取值后，反向移动磁体，用同样的方法记录距离与力的数值在表 4-6-1 中。

（8）用距离与力的对应关系作图，得到该样品零场冷条件下磁浮力与悬浮间隙的曲线。

（9）重复测量时必须等待液氮完全蒸发后（或将样品架取出再装入），使样品整体升温至 90 K 以上（超导样品转变为正常态），使冻结在样品中的磁场退掉。

（10）实验结束后关闭力显示单元和深度尺电源，并将样品取出擦干后保存在干燥皿中，避免水和 CO_2 可能对样品造成的破坏。

2. 场冷实验过程

（1）预备过程同零场冷实验过程的步骤（1）~（3）。

（2）顺时针摇动手柄，使磁体上移至距样品 1~10 mm 之间的任意位置，向低温容器中注入液氮，使样品在有外磁场作用的条件下冷却至液氮温度（场冷）。

（3）按一定步长顺时针转动手柄，向上移动磁体，并在每一点停留相同时间，同时从深度尺和数字电压表上读取距离和力的数据。

（4）其他步骤同零场冷实验过程的步骤（8）~（10）。

【数据记录与处理】

表 4-6-1　距离与力记录表

正向移动	距离/mm								
	力/N								
反向移动	距离/mm								
	力/N								
正向移动	距离/mm								
	力/N								
反向移动	距离/mm								
	力/N								

　　用上述表格中数据画图，并说明其关系。

【注意事项】

　　(1)仪器置于稳定的平台上，周围环境应无振动和热辐射。

　　(2)加注液氮时要当心，避免低温液体对皮肤的伤害，禁止戴棉布或线手套操作。

　　(3)实验结束后务必将样品取出擦干并放置在干燥皿中保存。

【思考题】

　　(1)场冷与零场冷有什么区别？

　　(2)零场冷对转变温度有影响吗？

§4.7 太阳能电池基本特性测定

太阳能电池是一种由于光生伏特效应(简称光伏效应)而将太阳光能直接转化为电能的器件，是一个半导体光电二极管。硅太阳能电池分为单晶硅太阳能电池、多晶硅薄膜太阳能电池和非晶硅薄膜太阳能电池三种。单晶硅太阳能电池转换效率最高，技术也最为成熟，在实验室里最高的转换效率为23%，规模生产时的效率为15%，在大规模应用和工业生产中占据主导地位。多晶硅薄膜太阳能电池与单晶硅比较，成本低廉，效率高于非晶硅薄膜电池，其实验室最高转换效率为18%，工业规模生产的转换效率为10%，多晶硅薄膜电池在将来大有可为。非晶硅薄膜太阳能电池转换效率较低，但其成本低，质量轻，便于大规模生产，有极大的潜力。

【实验目的】

(1)无光照时，测量太阳能电池的伏安特性曲线。

(2)有光照时，测量电池在不同负载电阻下，I 对 U 的变化关系，画出 $P = FV_0 = \rho S V_0^2 (V_1 - V_2)$ 曲线图；并测量太阳能电池的短路电流 I_{SC}、开路电压 U_{OC}、最大输出功率 P_{max} 及填充因子 FF。

(3)测量太阳能电池的短路电流 I_{SC}、开路电压 U_{OC} 与光照强度 P 的关系。

【实验仪器】

太阳能电池基本特性测试仪，如图4-7-1所示。

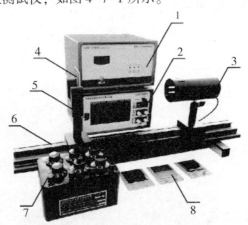

图4-7-1 太阳能电池基本特性测试仪

1—光功率；2—测试电源；3—光源：50 W；4—光电二极管(用连接线与光功率计相连接)；

5—样品架(用于放置光电二极管传感器，以及待测太阳能电池样品，含遮光罩)；6—导轨：长75 cm；

7—电阻箱：0~99 999.9 Ω；8—待测电池板(含单晶硅、多晶硅、非晶硅样品)。

【实验原理】

太阳光照在半导体P-N结上，形成新的电子-空穴对，在P-N结电场的作用下，空穴由N区流向P区，电子由P区流向N区，接通电路后就形成电流。这就是光伏效应太阳能电池的工作原理。

太阳能电池在没有光照时其特性可视为一个二极管，在没有光照时其正向偏压 U 与通过电流 I 的关系式为：

$$I = I_0(e^{\beta U} - 1) \tag{4-7-1}$$

式中，I 为通过二极管的电流；I_0 和 β 为常数，I_0 为反向饱和电流，$\beta = \dfrac{q}{nkT}$，k 为玻尔兹曼常数，q 为电子的电荷量，T 为热力学温度。

由半导体理论知，二极管主要是由如图 4-7-2 所示的能隙为 $E_C - E_V$ 的半导体所构成。E_C 为半导体导电带，E_V 为半导体价电带。当入射光子能量大于能隙时，光子被半导体所吸收，并产生电子-空穴对。电子-空穴对受到二极管内电场的影响而产生光生电动势，这一现象称为光伏效应。

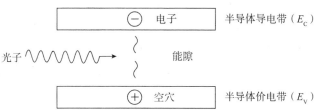

图 4-7-2　光伏效应示意图

太阳能电池的基本技术参数除短路电流 I_{SC} 和开路电压 U_{OC} 外，还有最大输出功率 P_{max} 和填充因子 FF。负载电阻为零时测得的最大电流 I_{SC} 称为短路电流，负载断开时测得的最大电压 U_{OC} 称为开路电压，最大输出功率 P_{max} 也就是 IU 的最大值。填充因子 FF 定义为：

$$FF = \frac{P_{max}}{I_{SC}U_{OC}} \tag{4-7-2}$$

FF 是代表太阳能电池性能优劣的一个重要参数。FF 值越大，说明太阳能电池对光的利用率越高。

【实验内容与步骤】

(1) 在全暗的情况下(关闭光源，用遮光罩罩住太阳能电池板)，测量单晶硅(或多晶硅)和非晶硅太阳能电池正向偏压时的 I-U 特性(直流偏压为 $0 \sim 3.0$ V)，并将数据填于表 4-7-1 中。

①暗环境伏安特性测试电路如图 4-7-3 所示。注意不要正负极接错(V 为电压表，选择 20 V 挡；A 为电流表，选择 2 mA 挡；50 Ω 电阻用于限流，调节电阻箱得到；电源为可调稳压源)。

②将测得的正向偏压时 I-U 关系数据填入表 4-7-1，画出 I-U 和 $\ln I$-U 曲线图。

(2) 在不加偏压时，用光源照射，测量单晶硅(或多晶硅)和非晶硅太阳能电池的输出特性。注意此时光源到太阳能电池距离保持为 20 cm 或更远距离(避免光源照射电池板使温升较大影响测试)。

①太阳能电池输出特性测量电路如图 4-7-4 所示。

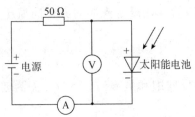
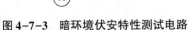

图4-7-3　暗环境伏安特性测试电路

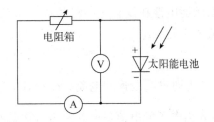

图4-7-4　太阳能电池输出特性测量电路

②测量电池在不同负载电阻下，I 对 U 的变化关系，将测量数据填入表4-7-2 和表4-7-3，画出 I–U 及 P–U 曲线图。

③求短路电流 I_{SC} 和开路电压 U_{OC}；

④求太阳能电池的最大输出功率 P_{max}；

⑤计算填充因子 $FF = \dfrac{P_{max}}{I_{SC}U_{OC}}$，将计算结果填入表4-7-4。

（3）测量不同光照强度下太阳能电池的开路输出电压 U_{OC} 和短路电流 I_{SC}。

①标定光强分布。在导轨上30 cm 处固定样品架，将光功率计探头（光电二极管板）放置在样品架上；开启光源，移动光源滑块，改变光源到光电二极管板的距离，测量不同位置的光功率，将测量结果填入表4-7-5。

②取下光电二极管板，换上待测太阳能电池板，连接电路如图4-7-5 所示；将光源移动到光强标定表中的位置，测量开路电压 U_{OC} 和短路电流 I_{SC}，将测量结果填入表4-7-5。根据测量结果画出 U_{OC}–P、I_{SC}–P 曲线图。

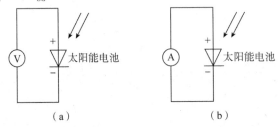

图4-7-5　太阳能电池板开路电压测试和短路电流测试

（a）开路；（b）短路

【数据记录与处理】

表4-7-1　太阳能电池正向偏压时的 I–U 特性

电池类别	U/V	0.00	0.50	1.00	1.50	2.00	2.20	2.40	2.60	2.80	3.00
	$I/\mu A$										
	$\ln I/\mu A$										
	$I/\mu A$										
	$\ln I/\mu A$										

表 4-7-2 _____太阳能电池输出特性数据

R/Ω	I/mA	U/V	P=IU/mW	R/Ω	I/mA	U/V	P=IU/mW
9 999.0				199.0			
7 999.0				89.0			
5 999.0				69.0			
3 999.0				49.0			
1 999.0				29.0			
899.0				9.0			
699.0				5.0			
499.0				2.0			
299.0				1.0			

表 4-7-3 非晶硅太阳能电池输出特性数据

R/Ω	I/mA	U/V	P=IU/mW	R/Ω	I/mA	U/V	P=IU/mW
9 999.0				199.0			
7 999.0				89.0			
5 999.0				69.0			
3 999.0				49.0			
1 999.0				29.0			
899.0				9.0			
699.0				5.0			
499.0				2.0			
299.0				1.0			

表 4-7-4 太阳能电池的短路电流 I_{SC}，开路电压 U_{OC} 和最大输出功率 P_{max}

电池类别	I_{SC}/mA	U_{OC}/V	P_{max}/mW	填充因子 FF

表 4-7-5 不同光照强度下太阳能电池的开路输出电压 U_{OC} 和短路电流 I_{SC}

电池类别		项　目									
单晶硅	L/cm	15.00	20.00	25.00	30.00	35.00	40.00	45.00	50.00	55.00	60.00
	P/mW										
	U_{OC}/V										
	I_{SC}/mA										

续表

电池类别		项　目									
电池类别	L/cm	15.00	20.00	25.00	30.00	35.00	40.00	45.00	50.00	55.00	60.00
	P/mW										
多晶硅	U_{oc}/V										
	I_{sc}/mA										
非晶硅	U_{oc}/V										
	I_{sc}/mA										

注：表中 L 为电池板到光源的距离，P 为光功率。

【注意事项】

（1）开启光源后，禁止用手触摸灯罩，以免烫伤。

（2）长时间测试时，请保证太阳能电池板距离光源玻璃灯罩面不小于 20 cm，防止电池板过热影响性能或损坏；具体距离根据实验具体环境自行调整。

（3）仅在实验时开启光源，实验结束后立即关闭光源。

（4）太阳能电池板的输出特性随温度变化很敏感（特别是开路电压），所以当电池板离光源较近时必须考虑温度因素的影响，还可以研究太阳能电池的输出与温度的关系。

【思考题】

（1）太阳能电池是由什么材料做成的？它的工作原理如何？

（2）何谓短路电流？何谓开路电压？何谓填充因子？如何计算太阳能电池的填充因子？

（3）如何求得太阳能电池的最大输出功率？与它的最佳匹配电阻有什么关系？

（4）填充因子是代表太阳能电池性质优劣的一个重要参数，它与哪些物理量有关？

（5）太阳能电池的光照特性，即开路电压和短路电流与入射于太阳能电池的光强符合什么函数关系？

§4.8　风力发电综合实验

风能是太阳辐射下空气流动所形成的。把风的动能转化为机械能，再把机械能转化为电能，这就是风力发电。风力发电具有明显的优势：与水力发电相比，它蕴藏量巨大；与火力发电相比，它清洁无污染，且发电成本接近；与太阳能发电相比，它成本低廉；与核能发电相比，它安全可靠。2016 年中国超过美国成为风力发电量世界第一的国家，2020 年中国风力发电量达到 466.5 TW·h，占世界总量的 29.3%。目前大型风力发电机功率输出为 500 ~ 1 500 kW，风轮的转速约为每分钟几十转，基本采用 3 叶片设计，叶片长度为 20 ~ 60 m，被设计得像飞机的螺旋桨。风力发电常用的发电机有 3 种，分别为永磁同步直驱发电机、双馈式变速恒频发电机和恒速恒频发电机，其中双馈式变速恒频发电机是目前大型风电机组采用最多的发电机。

【实验目的】

(1) 了解风力发电系统组成及结构。

(2) 理解风能转换成电能的过程及基本原理。

(3) 了解影响风电转换效率的相关因素。

(4) 了解提高风力发电机(以下简称风机)功率系数的研究方法。

(5) 学习自行设计实验方案。

【实验仪器】

DH-WP-1 型多功能风力发电实验仪(见图 4-8-1)，风速仪，转速仪，超级电容等。

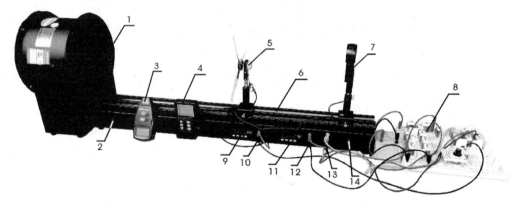

1—风源；2—风机电源开关；3—转速仪；4—风速仪读数表；5—发电机；6—导轨；
7—风速仪探头；8—九孔插板；9—电流表；10—电流测量端口；11—电压表；12—电压测量端口；
13—风力发电三相交流电输出端口；14—仪表电源开关。

图 4-8-1　DH-WP-1 型多功能风力发电实验仪

【实验原理】

1. 气流的动能

空气的定向流动就形成了风。设风速为 v_1，质量为 Δm 的空气，单位时间通过垂直于气流方向，面积为 S 的截面的气流动能（风能）为：

$$E = \frac{1}{2}\Delta m v_1^2 = \frac{1}{2}\frac{\rho LS}{t}v_1^2 = \frac{1}{2}\rho S v_1^3 \tag{4-8-1}$$

式中，L 为气流在时间 t 内所通过的距离；ρ 为空气密度，在标准状态下取值 1.293 kg/m³，一般随高度及温度增大而减小。南宁地区空气密度取 1.20 kg/m³。

2. 风能的利用

一般情况下，影响风电转换效率的因素有风轮、发电机、负载以及控制系统等，其中风轮是重要的影响因素。风轮是将风能转化为机械能的风机部件，由轮毂和固定在轮毂上的叶片组成。

贝兹理论假定风轮是理想的，气流通过风轮时没有阻力，气流经过整个风轮扫掠面时是均匀的，并且气流通过风轮前后的速度为轴向方向。以 v_1 表示风机上游风速，v_0 表示流过风轮旋转面 S 时的风速，v_2 表示流过风扇叶片截面后的下游风速。

功率随上下游风速的变化关系式：

$$P = \frac{1}{4}\rho S(v_1 + v_2)(v_1^2 - v_2^2) \tag{4-8-2}$$

当上游风速 v_1 不变时，令 $dP/dv_2 = 0$，可知当 $v_2 = \frac{1}{3}v_1$ 时式（4-8-2）取得极大值，且：

$$P_{\max} = \frac{8}{27}\rho S v_1^3 \tag{4-8-3}$$

将上式除以式（4-8-1），可以得到风机的最大理论效率（贝兹极限）：

$$\eta_{\max} = \frac{P_{\max}}{\frac{1}{2}\rho S v_1^3} = \frac{16}{27} \approx 0.593 \tag{4-8-4}$$

将风机的实际风能利用系数（功率系数）C_P 定义为风机实际输出功率与流过风轮旋转面 S 的全部风能之比，即：

$$C_P = \frac{P}{E} = \frac{2P}{\rho S v_1^3} \tag{4-8-5}$$

功率系数 C_P 总是小于贝兹极限，风机工作时，C_P 一般在 0.4 左右。但 C_P 不是一个常数，它随风速、发电机转速、负载以及叶片参数如翼型、翼长、桨距角等而变化。

由上式，风机实际的功率输出为：

$$P = \frac{1}{2}C_P\rho S v_1^3 = \frac{1}{2}C_P\rho\pi R^2 v_1^3 \tag{4-8-6}$$

式中，R 为风轮半径。

3. 叶尖速比 λ 与功率系数 C_P 关系

在风机的设计过程中，为了找出提高 C_P 的实验方法，通常将风轮转速与风速的关系合并为一个变量叶尖速比，定义为风轮叶片尖端线速度与风速之比，即：

$$\lambda = \frac{\omega R}{v_1} \tag{4-8-7}$$

式中，ω 为风轮角速度；R 为风轮半径（叶尖半径）。

理论分析与实验表明，叶尖速比 λ 是风机的重要参数，其取值将直接影响风机的功率

系数 C_P。图 4-8-2 表示某风轮的叶尖速比 λ 与功率系数 C_P 的关系。对于同一风轮，在额定风速内的任何风速，叶尖速比与功率系数的关系都是一致的；不同翼型或叶片数的风轮，C_P 曲线的形状不一样，C_P 最大值与最大值对应的 λ 值也不一样。叶尖速比 λ 在风机的设计与功率控制过程中都是重要参数。

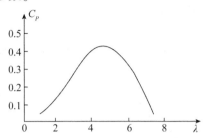

图 4-8-2　风轮的叶尖速比 λ 与功率系数 C_P 关系

4. DH-WP-1 型多功能风力发电实验仪简介

风力发电实验仪结构原理示意图如图 4-8-3 所示，主要包括风源、风速计（通过支架安装在导轨上）、风轮（由轮毂 2 和叶片 1 构成）、三相交流永磁同步发电机、三相桥式全波整流滤波电路、测量电路、电能的存储与利用电路、带标尺的导轨。其中三相桥式全波整流滤波电路、电能的存储与利用电路中的所有电学元件及测量电路中的可变负载插在九孔板上并通过该插板实现连接，达到即插即用、方便快捷搭建电路的目的。

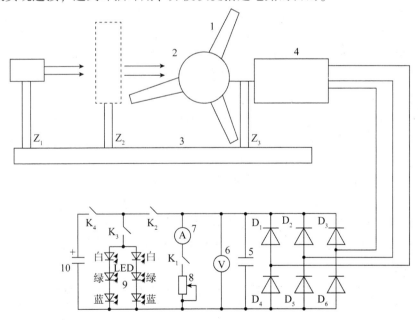

1—叶片；2—轮毂；3—带标尺的导轨；4—三相交流永磁同步发电机；5—电容；6—电压表；7—电流表；
8—滑动变阻器；9—LED 负载；10—电源；Z_1—风源；Z_2—风速计；Z_3—固定脚架；$D_1 \sim D_6$—二极管；$K_1 \sim K_4$—开关。

图 4-8-3　风力发电实验仪结构原理示意图

【实验内容与步骤】

1. 电路连接与测试

按照图4-8-3，将有关电学元件插到九孔板上，用短接桥或导线连接，组成三相桥式全波整流滤波电路、测量电路和电能的存储与利用电路。断开开关K_1，将三相桥式全波整流滤波电路的3个输入端分别与三相交流永磁同步发电机(以下简称为发电机)的3个输出端相连。用导线连接电流表和电压表的4个接线端口到九孔板可变负载上，并调整负载阻值到最大值。将发电机滑块安放在靠近风源附近的导轨上，旋紧固定螺栓。在风轮轮毂上安装3个异型叶片，将风轮安装在发电机转轴上。合上风源和测量电表的供电开关，实验仪开始工作，电流表和电压表有数字显示。

2. 电能的存储与利用

(1)移动发电机滑块到靠近风源位置，调整负载阻值，使电压表显示在7 V以上。合上开关K_1、K_2和K_3，关闭开关K_4，发光二极管发光。调整负载，增大电压，观察发光二极管亮度变化(注意：每个发光二极管的额定电压是3 V，6个发光二极管采用三个串联，两组并联的联接方式，电路总额定承压9 V)。

(2)合上开关K_2和K_4，关闭开关K_1和K_3，即可实现对储能用超级电容进行充电(注：由于风机输出功率有限，超级电容充电可能持续较长时间)。

3. 测量不同条件下与风机输出功率关系

放置风速仪探头滑块到离风源最远端轨道上，发电机滑块安放在探头和风源之间。合上风源开关和电压表、电流表工作开关，观察表上显示的电压、电流值。负载电阻为500 Ω。

(1)风速取不同值时叶片桨距角与风机输出功率的关系。改变叶片在轮毂上的夹角为5°、15°、25°。导轨位置每隔10 cm，记录不同角度下的输出功率于表4-8-1中。

(2)风速取不同值时叶片数量与风机输出功率的关系。改变叶片数量为2片及6片。调整角度到15°左右，导轨位置每隔10 cm，记录不同叶片数量下的输出功率于表4-8-2中。

(3)风速取不同值时叶片形状与风机输出功率的关系。变换叶片形状为异型及平板型，调整角度到15°左右，导轨位置每隔10 cm，记录不同叶片形状下的输出功率于表4-8-3中。

(4)异型3叶片风轮叶尖速比与功率系数的关系。调节负载旋钮，使负载电阻最大，此时负载电流最小，负载电压最高。移动发电机滑块使其处在风速约为5 m/s位置上。用转速仪测量风轮转速。各表显示稳定后测量相关数据为表4-8-4的第一行数据。调小负载电阻，使输出电压减小，每隔0.5 V测量一次，记录不同叶尖速比下的输出功率于表4-8-4中。

【数据记录与处理】

表4-8-1　风速取不同值时叶片桨距角与风机输出功率的关系

项目	1	2	3	4
位置/mm				
风速/(m·s⁻¹)				
5°角时电流/mA				
5°角时电压/V				
5°角时功率/W				

续表

项目	1	2	3	4
15°角时电流/mA				
15°角时电压/V				
15°角时功率/W				
25°角时电流/mA				
25°角时电压/V				
25°角时功率/W				

分析总结上表实验数据，定性说明叶片桨距角对风机输出功率和切入风速的影响。

表 4-8-2　风速取不同值时叶片数量与风机输出功率的关系

项目	1	2	3	4
位置/mm				
风速/(m·s⁻¹)				
2 叶片电流/mA				
2 叶片电压/V				
2 叶片功率/W				
3 叶片电流/mA				
3 叶片电压/V				
3 叶片功率/W				
6 叶片电流/mA				
6 叶片电压/V				
6 叶片功率/W				

分析总结上表实验数据，定性说明叶片数量对风机输出功率及切入风速的影响。

表 4-8-3　风速取不同值时叶片形状与风机输出功率的关系

项目	1	2	3	4
位置/mm				
风速/(m·s⁻¹)				
异形叶片电流/mA				
异形叶片电压/V				
异形叶片功率/W				
平板型叶片电流/mA				
平板型叶片电压/V				
平板型叶片功率/W				

分析总结上表实验数据，画出风速与风机输出功率的关系图。

表4-8-4　异型3叶片风轮叶尖速比与功率系数的关系（叶片半径 $R = $ _____ m ）

次数	转速 $n/(\text{r} \cdot \text{min}^{-1})$	输出电压 U/V	输出电流 I/mA	输出功率 $P = U \times I/\text{mW}$	叶尖速比 $\lambda = 2\pi nR/60v_1$	功率系数 $C_P = 2P/\pi R^2 \rho v_1^{\ 3}$
1						
2						
3						
4						
5						
6						
7						
8						
9						
10						
11						
12						
13						
14						
15						
16						

根据实验数据画出风轮叶尖速比 λ 与功率系数 C_P 的关系曲线。

【注意事项】

（1）风源（采用轴流风机）工作时，轴流风机内金属叶片在高速旋转，切勿将手伸入轴流风机内，以免造成严重伤害。

（2）测量数据时，人员应尽量保持静止状态，避免走动尤其大幅运动干扰风场使实验数据波动、失真。

（3）每测量一个数据前，保持10 s左右的环境稳定。

（4）如有电风扇等其他干扰风源，请控制到最小。

【思考题】

（1）讨论对风机输出功率的影响因素，影响从大到小依次是什么？

（2）如何提高功率系数 C_P？

（3）除本实验内容之外，你认为对风机输出功率的影响因素还有哪些？

第 5 章

光学实验

§5.1 薄透镜焦距的测定

光学仪器种类繁多，透镜是各种光学仪器中最基本的元件，而透镜的焦距又是反映透镜特性的基本参数。

【实验目的】

(1)掌握光路调整的基本方法。

(2)学习几种测量薄透镜焦距的实验方法。

【实验仪器】

光具座，照明光源(白光灯)，物屏，白屏，平面镜，毛玻璃，待测透镜等。

【实验原理】

1. 薄透镜成像

透镜的厚度相对透镜表面的曲率半径可以忽略时的透镜称为薄透镜。薄透镜的近轴光线成像公式为：

$$\frac{1}{u} + \frac{1}{v} = \frac{1}{f} \tag{5-1-1}$$

式中，u 为物距；v 为像距；f 为透镜焦距。其符号规定如下：实物与实像时取正，虚物与虚像时取负；f 为透镜焦距，凸透镜取正，凹透镜取负。

利用式(5-1-1)时必须满足两个条件：(1)薄透镜；(2)近轴光线。对于上述两个条件，实验中常采取的措施是：(1)在透镜前加一光阑以去边缘光线；(2)调节各元件使之共轴。

2. 凸透镜焦距的测量原理

下面介绍三种常用的测量透镜焦距的方法，分别是物距像距法、自准法和共轭法。

1)物距像距法

如图 5-1-1 所示，用实物作为光源，其发出的光线经会聚透镜后，不同位置会成不同类型的像。可用白屏接取实像加以观察，通过测定物距 u 和像距 v，利用式(5-1-1)即可得到 $f = \dfrac{uv}{u+v}$，代入对应的物距和像距就得到透镜的焦距。

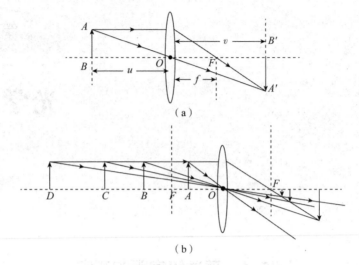

（a）

（b）

图 5-1-1　物距像距法光路图

（a）物距像距法；（b）不同位置成像光路图

凸透镜的成像特征及应用如表 5-1-1 所示。

表 5-1-1　凸透镜的成像特征及应用

序号	物距 u	像距 v	正/倒	大小	虚/实	应用
1	$u>2f$	$f<v<2f$	倒立	缩小	实像	照相机、摄像机
2	$u=2f$	$v=2f$	倒立	等大	实像	测焦距
3	$f<u<2f$	$v>2f$	倒立	放大	实像	幻灯机、投影仪
4	$u=f$	—	—	—	不成像	制作平行光、强光手电筒
5	$u<f$	$v>u$	正立	放大	虚像	放大镜

2）自准法

光源置于凸透镜焦点处，发出的光线经过凸透镜后成为平行光，若在透镜后放一块与主光轴垂直的平面镜，将此光线反射回去，反射光再经过凸透镜后仍会聚于焦点上，此关系称为自准原理。如果在凸透镜的焦平面上放一物体，如图 5-1-2 所示，其像也在该焦平面上，是大小相等的倒立实像。根据式(5-1-1)，此时像距 $v=\infty$，则有 $u=f$，即物屏至凸透镜光心的距离便是焦距。

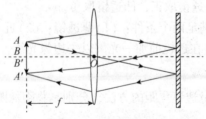

图 5-1-2　自准法光路图

3）共轭法（贝塞尔法、位移法）

如图 5-1-3 所示，如果物屏与像屏的距离 D 保持不变，且有 $D > 4f$，在物屏与像屏间移动凸透镜，可两次成像。当凸透镜移至 O_1 处时，屏上得到一个倒立放大实像 $A'B'$，当凸透镜移至 O_2 处时，屏上得到一个倒立缩小实像 $A''B''$，而且这两个位置是对称的或称共轭。即透镜在 O_1 处时物距和像距，分别等于透镜在 O_2 处的像距和物距。

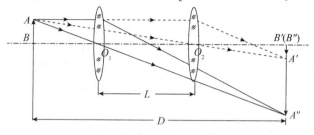

图 5-1-3　共轭法光路图

即：

$$D = u_1 + v_1, \quad L = v_1 - v_2, \quad u_1 = v_2, \quad u_2 = v_1$$

$$u_1 = \frac{D-L}{2}, \quad v_1 = \frac{D+L}{2} \tag{5-1-2}$$

将式（5-1-2）代入式（5-1-1），可得：

$$f = \frac{D^2 - L^2}{4D} \tag{5-1-3}$$

测出 D 和 L，即可求得焦距。共轭法的优点在于把焦距测量归结于 D 和 L 较精确的测量。可消除因透镜的光心估计不准，而给物距 u 和像距 v 的测量带来的误差。

3. 凹透镜焦距的测量原理（选做）

利用虚物成实像求焦距：如图 5-1-4 所示，先用凸透镜 L_1 使 AB 成实像 A_1B_1，A_1B_1 便可视为凹透镜 L_2 的物体（虚物）所在位置，然后将凹透镜 L_2 放于 L_1 和 A_1B_1 之间，如果 $O_1A_1 < |f_2|$，则通过 L_1 的光束经 L_2 折射后，仍能形成一实像 A_2B_2。物距 $u = O_2A_1$，像距 $v = O_2A_2$，代入式（5-1-1），便可得凹透镜焦距。

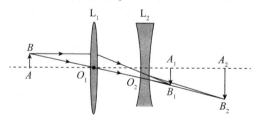

图 5-1-4　凹透镜焦距的测定

【实验内容与步骤】

1. 光路的调节

由于应用薄透镜成像公式时，需要满足近轴光线条件，因此必须使各光学元件调节到同轴，并使该轴与光具座的导轨平行。

（1）目测粗调：把光源、物屏、透镜和像屏依次装好，先将它们靠拢，使各元件中心大致等高在一条直线上，并使物屏、透镜、像屏的平面互相平行。

(2)为了获得清晰的像，需要在光源后加一个毛玻璃对光源进行处理，以此来获得清晰的像。由于实验中要人为地判断成像的清晰，考虑到人眼判断成像清晰的误差较大，常采用左右逼近测读法测定屏或透镜的位置，即从左至右移动屏或透镜，直至在物屏或像屏上看到清晰的像，这就是左右逼近测读法。

2. 用物距像距法测透镜的焦距

参照图5-1-1，将物屏、透镜固定在导轨上，间距必须大于一倍焦距(可利用自准法数据)，利用左右逼近测读法，从左至右移动像屏找到清晰的图像，再从右至左移动像屏，找到清晰的图像。在物屏到透镜距离大于一倍焦距时，分别测量成倒立的放大、等大、缩小的像。记录此时物屏、透镜、像屏的位置，将其填入表5-1-2。

3. 自准法测透镜的焦距

(1)在光具座上参照图5-1-2，依次放置好光源、物屏、凸透镜和平面镜。物屏在光源和凸透镜之间，平面镜在最外侧，固定物屏和平面镜的位置。

(2)采用左右逼近测读法测定透镜位置，直至在物屏上看到与物大小相同的清晰倒像，记录此时透镜的位置。此时物屏到透镜的距离即为透镜的焦距，将其填入表5-1-3。

4. 共轭法测凸透镜的焦距

(1)参照图5-1-3，固定物屏和像屏的位置且使 $D > 4f$(可利用自准法数据)，在实验过程中保持 D 不变，沿导轨移动透镜，使屏上能先后出现放大和缩小的清晰像。

(2)记下物屏的位置、像屏的位置和先后两次成像时透镜的位置，求出 D 和 L，利用公式(5-1-3)计算焦距，改变物屏和像屏的距离 D，重复测量3次，将数据填入表5-1-4。

5. 凹透镜焦距的测量(虚物成实像法，选做)

请自拟表格记录并选择合适方法对数据进行处理。

【数据记录与处理】

表5-1-2　物距像距法测凸透镜焦距　　　　　　　　　　　　　　　　　　mm

项目	成立的条件	物屏位置	透镜位置	像屏位置	物距 u	像距 v
倒立放大的像						
倒立等大的像						
倒立缩小的像						

表5-1-3　自准法测凸透镜焦距　　　　　　　　　　　　　　　　　　mm

项目	物屏位置	透镜位置
1		
2		
3		

表 5-1-4　共轭法测凸透镜焦距

mm

项目	物屏位置	像屏位置	透镜位置		D	L
			成放大像	成缩小像		
1						
2						
3						

分别求上述方法测定的透镜焦距的平均值 $\bar{f}$，与实验给定的凸透镜焦距（$f_标 = 50.0$ mm、$f_标 = 100.0$ mm、$f_标 = 150.0$ mm）进行比较，计算出相对误差 $\dfrac{|\bar{f} - f_标|}{f_标} \times 100\%$，并且分析产生误差的原因，确定是什么原因导致测量的结果偏大或偏小。

【注意事项】

（1）在使用仪器时要轻拿、轻放，勿使仪器受到振动和磨损。

（2）调整仪器时，应严格按各种仪器的使用规则进行，仔细地调节观察，冷静地分析思考，切勿急躁。

（3）任何时候都不能用手去接触玻璃仪器的光学面，以免在光学面上留下痕迹，使成像模糊或无法成像。如必须用手拿玻璃仪器部件，只准拿毛面，如透镜四周，棱镜的上、下底面，平面镜的边缘等。

（4）当光学表面有污痕或手迹时，对于非镀膜表面可用清洁的擦镜纸轻轻擦拭，或用脱脂棉蘸擦镜水擦拭。对于镀膜面上的污痕则必须请专职教师处理。

【思考题】

（1）为什么光学系统要进行共轴调节？怎样用平行光法（直接法）测量凸透镜焦距？

（2）比较本实验中测量凸透镜焦距的几种方法所得的测量结果，说明它们各自的优缺点。

（3）用共轭法测凸透镜焦距时，为什么必须满足 $D > 4f$？

§5.2　迈克耳孙干涉仪测 He-Ne 激光器的波长

迈克耳孙干涉仪是 1883 年美国物理学家迈克耳孙和莫雷合作设计制作出来的精密光学仪器。它利用分振幅法产生双光束以实现光的干涉，可以用来观察光的等倾、等厚和多光束干涉现象，测定单色光的波长和光源的相干长度等，在近代物理和计量技术中有广泛的应用。

【实验目的】

(1)了解迈克耳孙干涉仪的特点，学会调整和使用。

(2)学习用迈克耳孙干涉仪测量单色光波长。

(3)用迈克耳孙干涉仪测量空气的折射率(选做)。

【实验仪器】

SGM-1 型迈克耳孙干涉仪，He-Ne 激光器，白屏，气室组件(选做)。

仪器主要参数和规格如下。

(1)分束器和补偿板平面度小于或等于 $\dfrac{1}{20}\lambda$；

(2)微动测量分度值：相当于 0.000 5 mm(螺旋测微仪经过传动比为 20∶1 的机构，相当于螺旋测微器的读数放大了 20 倍)；

(3)He-Ne 激光器功率：0.7 ~ 1 mW；

(4)移动镜行程：1.25 mm；

(5)波长测量准确度：当条纹计数 100 时，相对误差小于 2%；

(6)气压表量程：0 ~ 40 kPa。

【实验原理】

迈克耳孙干涉仪工作原理如图 5-2-1 所示。在图中 S 为光源，G_1 是分束板，G_1 的一面镀有半反射膜，使照在上面的光线一半反射另一半透射。G_2 是补偿板，M_1、M_2 为平面反射镜。

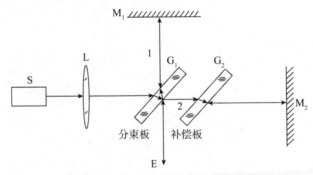

图 5-2-1　迈克耳孙干涉仪工作原理

光源(He-Ne 激光器)S 发出的光经会聚透镜 L 扩束后，射入 G_1，在半反射面上分成两束光：光束 1 经 G_1 内部折向 M_1，经 M_1 反射后返回，再次穿过 G_1，到达屏 E；光束 2 透过半反射面，穿过 G_2 射向 M_2，经 M_2 反射后，再次穿过 G_2，由 G_1 下表面反射到达屏 E。两束光相遇发生干涉。

G_2 的材料和厚度和 G_1 相同，并且与 G_1 平行放置。考虑到光束 1 两次穿过玻璃板，G_2 的作用是使光束 2 也两次经过玻璃板，从而使两光路条件完全相同，这样，可以认为干涉现象仅仅是由于 M_1 与 M_2 之间的相对位置引起的。在迈克耳孙干涉仪中，G_1、G_2 已固定，M_1 和 M_2 的位置可以调节。其中 M_1、M_2 的倾角可由上面的螺钉调节，前后位置可由其上的螺旋测微器进行调节。

1. 干涉法测光波波长原理

光束 1 和 2 在点 P 相遇时的光程差为 δ，发生干涉加强的条件为：

$$\delta = k\lambda \tag{5-2-1}$$

实验过程中，随 M_2 的移动，接收屏上的条纹发生变化，d 指的是 M_2 前后移动的距离，伴随 d 的增大，级数 k 随之增大，也就是有新的干涉条纹从中心冒出；伴随 d 的减小，级数 k 随之减小，干涉条纹向中心缩进。根据图 5-2-1，有：

$$2d = \delta = k\lambda \tag{5-2-2}$$

则，"冒出"或"缩进"的条纹数 ΔN 与 M_2 位置变化 Δd 间的关系为：

$$2\Delta d = \Delta N\lambda \tag{5-2-3}$$

可见，只要测定 M_2 的位置改变量 Δd 和相应的条纹变化量 ΔN，就可以用式(5-2-3)算出入射光的波长。

2. 测量空气折射率原理(选做)

利用迈克耳孙干涉仪，可以在已知入射激光波长的情况下，测量空气折射率。测量空气折射率所需仪器除了迈克耳孙干涉仪和 He-Ne 激光器外，还有气室组件和数字气压表。实验光路图如图 5-2-2 所示。为了测量空气折射率，在一支光路中加入一个玻璃气室，其长度为 L。在 O 处可看到干涉条纹。

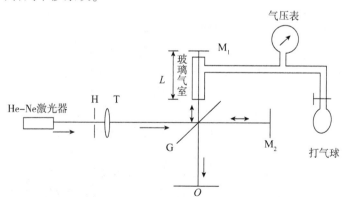

图 5-2-2 　测量空气折射率光路图

调好光路后，先将气室抽成真空(气室内压强接近于零，折射率 $n=1$)，然后向气室内缓慢充气，此时，在接收屏上看到条纹移动。当气室内压强由 0 变到大气压强 p 时，折射率由 1 变到 n。若屏上某一点(通常观察屏的中心)条纹变化数为 N，则由公式 $|\Delta n_1| = \dfrac{N\lambda}{2L_1}$，可知：

$$n = 1 + \frac{N\lambda}{2L} \tag{5-2-4}$$

但实际测量时，气室内压强难以抽到真空，因此利用式(5-2-4)对数据作近似处理所得结果的误差较大。理论证明，在温度和湿度一定的条件下，当气压不太大时，气体折射率的变化量 Δn 与气压的变化量 Δp 成正比：

$$\frac{n-1}{p} = \frac{\Delta n}{\Delta p} = 常数$$

所以，有：

$$n = 1 + \frac{|\Delta n|}{\Delta p} p \tag{5-2-5}$$

将 $|\Delta n_1| = \frac{N\lambda}{2L_1}$ 代入上式，可得：

$$n = 1 + \frac{N\lambda}{2L} \frac{p}{\Delta p} \tag{5-2-6}$$

式(5-2-6)给出了气压为 p 时的空气折射率 n。

可见，只要测出气室内压强由 p_1 变化到 p_2 时的条纹变化数 N，即可由式(5-2-6)计算压强为 p 时的空气折射率 n，气室内压强不必从 0 开始。

【实验内容与步骤】

1. 测量 He-Ne 激光的波长

在了解迈克耳孙干涉仪的调整和使用方法之后进行以下操作。

(1)使 He-Ne 激光束大致垂直于 M_2，调节 He-Ne 激光器高低左右，使反射回来的光束按原路返回。

(2)将扩束器转移到光路之外，调节 He-Ne 激光器支架，可看到分别由 M_1 和 M_2 反射到屏的两排光点，光路 1 有一排四个光点，中间有两个较亮，旁边两个较暗，光路 2 有两排四个光点。调节 M_1 或 M_2 上的螺钉，使光路 1 和光路 2 经过 G_1 的两个最亮的光点大致重合，此时 M_1 和 M_2 大致垂直。

(3)然后将扩束器(凸透镜)置于光路中，在接收屏上获得清晰的、明暗相间的圆环位置。使激光穿过扩束器，调节过程中，不再调节 M_1 或 M_2 上的微调螺钉。最终使激光束穿过整个装置，在白屏上获得清晰的、明暗相间的红色圆环。

(4)对白屏上获得的干涉图样的圆心位置和直径大小进行调整。在白屏上获得清晰的、明暗相间的圆环后，可以通过调节 M_1 或 M_2 上的微调螺钉，把干涉图样的圆心调至接收屏的中心。还可以调节 M_1 或 M_2 的前后位置，调整干涉图样的直径大小，直到出现适合读数的干涉图形。

(5)轻轻转动微动手轮，使 M_2 前后平移，可看到圆环的"冒出"或"缩进"，待操作熟练后开始测量。当白屏上的条纹中间为一个小亮圆时，记下螺旋测微器的初始读数 d_0(可以不从零刻度开始)。每"冒出"或"缩进"的圆环数为 20 个时，记下相对应的螺旋测微器的读数 d_i，再继续转动微动鼓轮，连续记录 6 组。将测量数据填入表 5-2-1，多次测量以检验实验的可重复性。

2. 利用迈克耳孙干涉仪测量空气的折射率(选做)

(1)仪器的调节。在测量空气折射率时，迈克耳孙干涉仪的调节过程与上述"1. 测量 He-Ne

激光的波长"基本相同，其光路图如图 5-2-2 所示。在 M_1 和 G_1 之间放上透光气室组件，调节仪器使得观察者在观察屏上看到清晰的干涉条纹。

（2）数据测量和记录。挤压充气橡胶改变气室的压强，记录数字仪表上的当前气压，然后将空气阀门略微松开，慢慢放气，同时对干涉条纹陷入中心的数目 N 进行计数。当 $N=30$ 时，将阀门重新拧紧，并记录当前的气压数值。结合相应的公式，即可算出空气折射率。自拟表格记录数据。

【数据记录与处理】

（1）用迈克耳孙干涉仪测量波长实验，对实验内容作如下的数据记录和处理（两种方法）。

①直接记录所有测量数据，填入表 5-2-1。

表 5-2-1　干涉环数 N_i、M_2 对应的螺旋测微器的读数 d_i（每组的初始读数间隔为 2~3 mm）

次数		1	2	3	4	5	6
干涉环数 N_i		0	20	40	60	80	100
螺旋测微器读数 d_i/mm	第一组						
	第二组						
	第三组						
M_2 实际位置读数 d_i'/mm	第一组						
	第二组						
	第三组						

②逐差法。用逐差法求得 ΔN 和 Δd，把相关数据填入表 5-2-2。（逐差法：用表 5-2-1 中的第 4 组数据减去第 1 组数据，用第 5 组数据减去第 2 组数据，用第 6 组数据减去第 3 组数据）

表 5-2-2　变化的环数 ΔN 和 M_2 实际变化的距离 Δd 的测量

次数	第一组			第二组			第三组		
	1	2	3	1	2	3	1	2	3
变化的环数 ΔN									
M_2 实际变化的距离 Δd/mm									

（2）计算每组的波长，求出 3 次测量的平均值 $\overline{\lambda}$，与 He-Ne 激光的标准值 $\lambda=632.8$ nm 相比较（其中红光的波长范围为 622~760 nm），求出测量的相对误差 $\dfrac{|\overline{\lambda}-\lambda|}{\lambda}\times100\%$。

（3）作图法。在坐标纸上画出坐标图，横轴和纵轴分别表示涌出的总环数和 M_2 所处刻度值。把所测各组数据在图上的对应坐标找到，再在图上画一直线，让各点尽可能处于直线上。3 次测量的 3 条直线画于一个坐标图中，分别求出 3 条直线的斜率，再利用公式求出入射光的平均值，与入射光的标准值 $\lambda=632.8$ nm 相比较，求出测量的相对误差。

（4）将作图法算到的结果和逐差法的结果进行比较，并分析两种方法的优缺点。

（5）利用迈克耳孙干涉仪测量空气的折射率，从测量公式中得出相关量。请自拟表格记录并选择合适方法对数据进行处理（选做）。

【注意事项】

（1）光学仪器的表面严禁用手或其他物体碰触。

（2）实验中用到的 He-Ne 激光器，应该避免直射眼睛，以免对眼睛造成伤害。

（3）调节各个螺钉时，不要调得过紧，否则镜面会变形，条纹也会变形。实验结束后，把镜面螺钉放松。

（4）本实验仪器是精密光学仪器，实验时要防止振动。

（5）实验结束后，把仪器调回至初始状态。

【思考题】

（1）试根据迈克耳孙干涉仪的光路图说明每个光学元件的作用。

（2）迈克耳孙干涉仪还能用来测量哪些常见的物理量？

（3）用迈克耳孙干涉仪观察到的等倾干涉条纹与牛顿环的干涉条纹有何不同？

§5.3　等厚干涉实验——牛顿环

等厚干涉是薄膜干涉的一种。薄膜层的上下表面有一很小的倾角时，从光源发出的光经上下表面反射后在上表面附近相遇时产生干涉，并且厚度相同的地方形成同一干涉条纹，这种干涉就叫等厚干涉。其中牛顿环是等厚干涉的一个最典型的例子，最早为牛顿所发现，但由于他主张微粒说而并未能对此作出正确的解释。光的等厚干涉原理在生产实践中有广泛的应用，它可用于检测透镜的曲率，测量光波波长，精确地测量微小长度、厚度和角度，检验物体表面的光洁度、平整度等；研究零件内的应力分布等。

【实验目的】

（1）通过对等厚干涉图像观察和测量，加深对光的波动性的认识。

（2）掌握读数显微镜的基本调节和测量操作。

（3）掌握用牛顿环法测量透镜的曲率半径和用劈尖干涉法测量玻璃丝微小直径的实验方法。

（4）学习用图解法和逐差法处理数据。

【实验仪器】

SGH-1 型牛顿环装置，读数显微镜。

【实验原理】

1. 牛顿环

牛顿环装置是由一块曲率半径较大的平凸玻璃透镜和一块光学平玻璃片（又称"平晶"）相接触而组成的。相互接触的透镜凸面与平玻璃片平面之间的空气间隙，构成一个空气薄膜间隙，空气膜的厚度从中心接触点到边缘逐渐增加，如图 5-3-1（a）所示。

当单色光垂直地照射于牛顿环装置时，入射光将在此薄膜上下表面反射，产生具有一定光程差的两束相干光。如果从反射光的方向观察，就可以看到透镜与平板玻璃接触处有一个暗点，周围环绕着一簇同心的明暗相间的内疏外密圆环，这些圆环状干涉图样就叫作牛顿环，如图 5-3-1（b）所示。

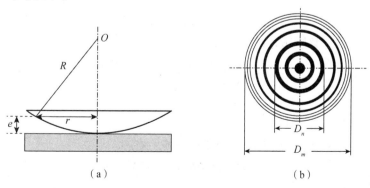

图 5-3-1　牛顿环装置和干涉图样

（a）牛顿环装置；（b）干涉图样

由光路分析可知，与 K 级条纹对应的两束相干光的光程差为：

$$\delta_K = 2e_K + \frac{\lambda}{2} \tag{5-3-1}$$

式中，$\frac{\lambda}{2}$ 是由于光从光疏介质到光密介质的交界面上反射时产生的半波损失引起的光程差。

由图 5-3-1(a) 可知：$R^2 = r^2 + (R-e)^2$，化简后得到：$r^2 = 2eR - e^2$。

如果空气薄膜厚度远小于透镜的曲率半径，即 $e \leqslant R$，则可略去二级小量 e^2。于是有：

$$e = \frac{r^2}{2R} \tag{5-3-2}$$

式(5-3-2)说明 e 与 r 的平方成正比，所以离开中心愈远，光程差增加愈快，所看到的牛顿环也变得愈密。

将 $e = \frac{r^2}{2R}$ 代入式(5-3-1)，有：

$$\delta = \frac{r^2}{R} + \frac{\lambda}{2}$$

由干涉条件可知，当 $\delta = \frac{r^2}{R} + \frac{\lambda}{2} = (2K+1)\frac{\lambda}{2}$ 时，干涉条纹为暗条纹。于是，有：

$$r_K^2 = KR\lambda, \quad K = 0, 1, 2, 3, \cdots \tag{5-3-3}$$

如果已知入射光的波长 λ，并测得第 K 级暗条纹的半径 r_K，则可由式(5-3-3)算出透镜的曲率半径 R。

观察牛顿环时发现，牛顿环中心不是一点而是一个不甚清晰的暗或亮的圆斑。其原因是透镜和平玻璃板接触时，由于接触压力引起形变，使接触处为一圆面；又镜面上可能有微小灰尘等存在，从而引起附加的光程差。

通过取两个暗条纹半径的平方差值可消除附加光程差带来的误差。假设附加厚度为 a，则光程差为：

$$\delta = 2(e \pm a) + \frac{\lambda}{2} = (2K+1)\frac{\lambda}{2}$$

即：

$$e = K \cdot \frac{\lambda}{2} \pm a$$

将式(5-3-2)代入，有：

$$r^2 = KR\lambda \pm 2Ra$$

取第 m、n 级暗条纹，则对应的暗环半径为：

$$r_m^2 = mR\lambda \pm 2Ra, \quad r_n^2 = nR\lambda \pm 2Ra$$

将两式相减，得：

$$r_m^2 - r_n^2 = (m-n)R\lambda$$

可见 $(r_m^2 - r_n^2)$ 与附加厚度 a 无关。

又因暗环圆心不易确定，故取暗环的直径替换，有：

$$D_m^2 - D_n^2 = 4(m-n)R\lambda$$

因而，透镜的曲率半径为：

$$R = \frac{D_m^2 - D_n^2}{4(m-n)\lambda} \tag{5-3-4}$$

2. 牛顿环实验装置

牛顿环实验装置如图 5-3-2 所示。

1—读数显微镜；2—钠灯；3—调焦旋钮；4—底座；5—牛顿环装置；6—半透半反镜；7—钠灯适配的镇流器。

图 5-3-2 牛顿环实验装置

3. 劈尖干涉(选做)

劈尖干涉现象在科学研究和计量技术中有着广泛的应用，如测量光波波长检查表面的平整度、球面度、粗糙度、精确测量长度、微小形变以及研究工件的内应力分布等。

取两块光学平面玻璃板，使其一端接触，另一端夹着细丝(或薄片)，则在两玻璃板之间形成一个空气劈尖，如图 5-3-3 所示。当用单色光垂直照射时和牛顿环一样，在劈尖薄膜上、下两表面反射的两束光发生干涉。产生的干涉条纹是一簇与棱边平行、间隔相等、明暗相间的干涉条纹，它也是一种等厚干涉条纹。

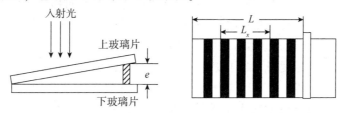

图 5-3-3 劈尖干涉

设入射平行单色光的波长为 λ，在劈尖厚度为 e 处产生干涉的两束光线的光程差为 δ，n 为劈尖中媒质的折射率，$\dfrac{\lambda}{2}$ 为光线从劈尖下表面反射时产生的半波损失。

当光程差满足半波长的奇数倍时：

$$\delta = 2ne + \frac{\lambda}{2} = (2K+1)\frac{\lambda}{2}, \quad K = 0, 1, 2, 3, \cdots \tag{5-3-5}$$

形成暗条纹。其中，K 为干涉条纹级数。上式化简后，有：

$$e = \frac{K\lambda}{2n} \tag{5-3-6}$$

由式(5-3-5)可知，当 $e = 0$ 时，光程差 $\delta = \dfrac{\lambda}{2}$，可见在两玻璃板接触的棱边处呈现零级暗条纹。

对于空气劈尖，即 $n = 1$，则式(5-3-6)可简化为：

$$e = K\frac{\lambda}{2} \tag{5-3-7}$$

由于 K 值一般较大，为了避免数错，在实验中可先测出某长度 L_x 内的干涉条纹的间隔数 x，则单位长度内的干涉条纹数为 $n = \dfrac{x}{L_x}$。若棱边与薄片的距离为 L，则薄片处出现的暗条纹的级数为 $K = nL$，可得薄片的厚度为：

$$e = nL\frac{\lambda}{2} = \frac{x}{L_x}L\frac{\lambda}{2} \tag{5-3-8}$$

【实验内容与步骤】

1. 实验装置的调整

(1)将读数显微镜装在架上，调节目镜，使看到的分划板上十字叉丝清晰；接通钠灯电源后经过大约 3 min，灯泡发出较强的钠黄光(波长 $\lambda = 589.3$ nm)。

(2)转动半透半反镜的镜框，使镜面与显微镜光轴成 45°角，钠黄光被反射到牛顿环套件上，旋转物镜调节手轮，使镜筒由最低位置(注意不要碰到牛顿环装置)缓缓上升，边升边观察，直至目镜中看到聚焦清晰的牛顿环，即显微镜视场出现一系列明暗相间的同心环。

(3)使半透半反镜与水平方向成 45°角，配合调节牛顿环套件上的左前、右前和中后 3个调节螺母，使干涉环的环心与显微镜分划板中心的十字叉丝的交点重合，转动目镜，对分划板聚焦，然后转动调焦旋钮，直到视场内干涉环普遍清晰，并且与十字叉丝之间无视差。

2. 牛顿环直径的测量

(1)转动读数显微镜读数鼓轮，使显微镜自环心向一个方向移动，为了避免螺栓空转引起的误差，应使镜中十字叉丝先超过第 12 个暗环(中央暗环"第 0 环"不算)，即从牛顿环第一条暗环开始数到 14 个暗环，然后缓缓退回到第 12 个暗环中央(因环纹有一定宽度)。记下显微镜读数即该暗环标度 X_{12}，再缓慢转动读数显微镜读数鼓轮，使十字叉丝交点依次对准第 12，10，8，6，4 和 2 个暗环的中央，记下每次计数 X_{12}，X_{10}，X_8，X_6，X_4，X_2。继续缓慢转动读数鼓轮，使目镜镜筒十字叉丝的交点经过牛顿环中心向另一方向记下第 2，4，6，8，10 和 12 个暗环的读数 X_2'，X_4'，X_6'，X_8'，X_{10}'，X_{12}'。分别测量 3 次，算出暗环直径 $\overline{D}_K$ 及 $\overline{D}_K^{\,2}$，将测量数据填入表 5-3-1。

(2)用逐差法处理数据，计算出透镜的曲率半径 R 及 R 的相对误差。

根据逐差法处理数据的方法，把测量到的 6 个暗环直径数据分成两大组，把第 12 条暗环和第 6 条暗环相组合，第 10 条暗环和第 4 条暗环相组合，第 8 条暗环和第 2 条暗环相组合，求出三组 $\overline{D}_m^{\,2} - \overline{D}_n^{\,2}(m - n = 6)$ 的平均值，填入表 5-3-2。根据式(5-3-4)，计算出透镜的曲率半径 R 及 R 的相对误差 $\dfrac{|R - R_{标}|}{R_{标}} \times 100\%$，本实验的牛顿环曲率半径为 $R_{标} = 868.50$ mm。

(3)用图解法计算透镜的曲率半径 R 及 R 的相对误差。

由实验数据，作出 $D_K^2 - K$ 图线，由图求出直线的斜率，结合式(5-3-4)再进一步求出透镜的曲率半径 R。

(4)用劈尖干涉测量金属丝的微小直径 d(选做)。

将牛顿环装置换成劈尖装置，为了测定条纹的垂直距离，应使条纹与镜筒的移动方向相垂直。为了避免螺栓空转引起测量误差，应先转动读数显微镜的测微鼓轮，使镜筒仅向一个方向移动，当条纹移过了六七条后，使十字叉丝和某条纹中心相重合，记下初读数，再依次使十字叉丝和下一个条纹中心相重合，记下读数，共测 12 条。将测量数据填入表 5-3-3，同样用逐差法处理数据。当测出金属丝距棱的距离 L 和单位长度的条纹数 n 后，根据式（5-3-8）即可求出金属丝的直径 d，并计算 d 的不确定度。

【数据记录与处理】

表 5-3-1　牛顿环的暗环参数

暗环序数			2	4	6	8	10	12
暗环读数 /mm	次数：1	左 X_K						
		右 X'_K						
	次数：2	左 X_K						
		右 X'_K						
	次数：3	左 X_K						
		右 X'_K						
暗环直径 $\overline{D}_K = \overline{\lvert X_K - X'_K \rvert}$ /mm								
$\overline{D}_K^2$ /mm²								

表 5-3-2　逐差法求曲率半径 R　　　　　mm²

项目	$\overline{D}_8^2 - \overline{D}_2^2$	$\overline{D}_{10}^2 - \overline{D}_4^2$	$\overline{D}_{12}^2 - \overline{D}_6^2$
$\overline{D}_m^2 - \overline{D}_n^2$			
$\overline{\overline{D}_m^2 - \overline{D}_n^2}$			

表 5-3-3　微小直径 d 的测量　　　　　mm

暗纹序数	1	2	3	4	5	6	7	8	9	10	11	12
X_K												
$X_{K+6} - X_K$												
平均值 $\overline{X_{K+6} - X_K}$												
直径 $\overline{d}$												

【注意事项】

（1）为了避免测微鼓轮"空转"而引起的测量误差，在每次测量中，测微鼓轮只能向一个方向转动，中途不可倒转。

（2）拿取牛顿环、劈尖装置时，不要触摸光学面。如有尘埃，应用专用揩镜纸轻轻揩擦。实验中要小心以免摔坏。

（3）钠灯价格昂贵，且使用寿命仅数百小时，实验前应事先安排好使用时间，实验结束随即关闭。

【思考题】

（1）实验中使用的是单色光，如果用白光源会是什么结果？

（2）如果牛顿环中心不是一个暗斑，而是一个亮斑，为什么？对测量有无影响？

（3）牛顿环实验中，如果平板玻璃上有微小的凸起，将导致牛顿环条纹发生畸变。试问该处的牛顿环将局部内凹还是局部外凸？

§5.4　光纤特性及传输

在现代通信技术中，为了避免信号互相干扰，提高通信质量与通信容量，通常用信号对载波进行调制，用载波传输信号，在接收端再将需要的信号解调还原出来。通信容量与所用载波频率成正比，与波长成反比，目前微波波长能做到厘米量级，在开发应用毫米波和亚毫米波时遇到了困难。光波波长比微波短得多，用光波作载波，其潜在的通信容量是微波通信无法比拟的，光纤通信就是用光波作载波，用光纤传输光信号的通信方式。与用电缆传输电信号相比，光纤通信具有通信容量大、传输距离长、价格低廉、重量轻、易敷设、抗干扰、保密性好等优点，已成为固定通信网的主要传输技术。

【实验目的】

（1）了解光纤通信的原理及基本特性。
（2）测量激光二极管的伏安特性、电光转换特性。
（3）测量光电二极管的伏安特性。
（4）完成音频信号传输实验、数字信号传输实验。
（5）完成基带（幅度）调制传输实验、频率调制传输实验。

【实验仪器】

光纤特性及传输实验仪，示波器。

【实验原理】

1. 光纤

光纤是由纤芯、包层、防护层组成的同心圆柱体，基本结构如图 5-4-1 所示。纤芯与包层材料大多为高纯度的石英玻璃，通过掺杂使纤芯折射率大于包层折射率，形成一种光波导效应，使大部分的光被束缚在纤芯中传输。

纤芯，直径5~50 μm

包层，直径约125 μm

防护层，直径约250 μm

图 5-4-1　光纤的基本结构

光纤性能的好坏主要看它的损耗特性与色散特性。光在光纤中传输时，由于材料的散射、吸收，会使光信号衰减，当信号衰减到一定程度时，就必须对信号进行整形放大处理再进行传输，这样才能保证信号在传输过程中不失真。这段传输的距离叫中继距离，损耗越小，中继距离越长。光纤的损耗与光波长有关，通过研究发现，石英光纤在 0.85 μm、1.30 μm、1.55 μm 附近有 3 个低损耗窗口，实用的光纤通信系统光波长都在低损耗窗口区域内。本实验使用的是 G.652D 型单模单芯光纤，目前广泛应用于数据通信和图像传输。

光在有损耗的介质中传播时，光强按指数规律衰减，在通信领域，损耗系数 α 用单位长度的分贝值（dB）表示，定义为：

$$\alpha = \frac{10}{L} \lg \frac{P_0}{P_1} \ (\text{dB/km}) \tag{5-4-1}$$

已知损耗系数，可计算光通过任意长度 L 后的强度：

$$P_1 = P_0 10^{-\frac{\alpha L}{10}} \tag{5-4-2}$$

式中，L 是传播距离；P_0 是入射光强；P_1 是损耗后的光强。

2. 激光二极管

本实验采用激光二极管作为光通信的光源，它通过受激辐射发光。激光二极管是半导体光电子器件，其核心部分是 P-N 结，具有与普通二极管相类似的 U-I 特性，如图 5-4-2 所示。

激光二极管的 P-I 特性曲线如图 5-4-3 所示，可以看出有一阈值电流 I_{th}，只有在工作电流 $I > I_{\text{th}}$ 部分，P-I 曲线才近似一根直线。而在 $I < I_{\text{th}}$ 部分，输出的光功率几乎为零。

阈值电流是非常重要的特性参数。图 5-4-3 中 A 段与 B 段的交点表示开始发射激光，它对应的电流就是阈值电流 I_{th}。当注入电流增加时，输出光功率也随之增加，在达到 I_{th} 之前激光二极管输出荧光，到达 I_{th} 之后输出激光，输出光子数的增量与注入电子数的增量之比关系为：

$$\eta_d = \left(\frac{\Delta P}{h\nu}\right) \Big/ \left(\frac{\Delta I}{e}\right) = \frac{e}{h\nu} \cdot \frac{\Delta P}{\Delta I} \tag{5-4-3}$$

式中，$\Delta P / \Delta I$ 就是图 5-4-3 激射时的斜率；h 是普朗克常数（6.625×10^{-34} J·s）；ν 为辐射跃迁情况下，释放出的光子的频率。P-I 特性是选择激光二极管的重要依据，应选阈值电流 I_{th} 尽可能小，I_{th} 小对应 P 小，而且没有扭折点的激光二极管。这样的激光器工作电流小，工作稳定性高，消光比大，且不易产生光信号失真。并且要求 P-I 曲线的斜率适当，斜率太小，则要求驱动信号太大，给驱动电路带来麻烦；斜率太大，则会出现光反射噪声，使自动光功率控制环路调整困难。

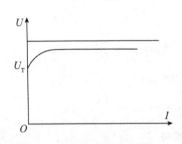

图 5-4-2　激光二极管的 U-I 特性曲线

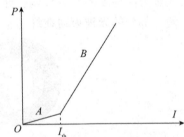

图 5-4-3　激光二极管的 P-I 特性曲线

3. 光电二极管

光通信接收端由光电二极管完成光电转换与信号解调。光电二极管是工作在无偏压或反向偏置状态下的 P-N 结，图 5-4-4 是反向偏置电压下光电二极管的伏安特性。无光照时的暗电流很小，它是由少数载流子的漂移形成的。有光照时，光电流取决于入射光功率。在适当的反向偏置电压下，入射光功率与饱和光电流之间呈较好的线性关系。

图 5-4-5 是简单的光电转换电路，光电二极管接在三极管基极，集电极电流与基极电流之间有固定的放大关系，基极电流与入射光功率成正比，则流过 R 的电流与 R 两端的电

压也与光功率成正比，若光功率随调制信号变化，R 两端产生解调输出的原调制信号电压。

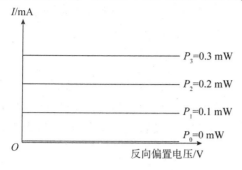

图 5-4-4　光电二极管的伏安特性

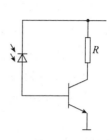

图 5-4-5　简单的光电转换电路

4. 副载波调频调制

对副载波的调制可采用调幅、调频等不同方法。调频具有抗干扰能力强、信号失真小的优点，本实验采用调频法。

图 5-4-6 是副载波调制传输框图。

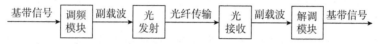

图 5-4-6　副载波调制传输框图

如果载波的瞬时频率偏移随调制信号 $m(t)$ 线性变化，即：

$$\omega_d(t) = k_f m(t) \tag{5-4-4}$$

则称为调频，k_f 是调频系数，代表频率调制的灵敏度，单位为 Hz/V。

调频信号可写成下列一般形式：

$$u(t) = A\cos\left[\omega t + k_f \int_0^t m(t)\,\mathrm{d}t\right] \tag{5-4-5}$$

式中，ω 为载波的角频率；$k_f \int_0^t m(t)\,\mathrm{d}t$ 为调频信号的瞬时相位偏移。

下面考虑两种特殊情况。

①假设 $m(t)$ 为电压为 U 的直流信号，则式(5-4-5)可以写为：

$$u(t) = A\cos\left[(\omega + k_f U)t\right] \tag{5-4-6}$$

式(5-4-6)表明直流信号调制后的载波仍为余弦波，但角频率偏移了 $k_f U$。

②假设 $m(t) = U\cos \Omega t$，则式(5-4-5)可以写为：

$$u(t) = A\cos\left[\omega t + \frac{k_f U}{\Omega}\sin \Omega t\right] \tag{5-4-7}$$

可以证明，已调信号包括载频分量 ω 和若干个边频分量 $\omega \pm n\Omega$，边频分量的频率间隔为 Ω。任意信号可以分解为直流分量与若干余弦信号的叠加，则式(5-4-6)、式(5-4-7)可以帮助理解一般情况下调频信号的特征。

【实验内容与步骤】

1. 激光二极管的伏安特性与输出特性测量

用 FC-FC 光纤跳线将光"发射管"与"接收管"相连。将"电压源输出"连接"直流偏置"，设置发射显示为"发射电流"，接收显示为"光功率计"。调节电压源以改变发射电流，记录发射电流与接收器接收到的光功率（与发射光功率成正比），同时切换发射显示为"正向偏压"，记录与发射电流对应的发射管两端电压于表 5-4-1 中。

2. 光电二极管伏安特性的测量

连接方式同上述"1. 激光二极管的伏安特性与输出特性测量"。调节发射装置的电压源，使光电二极管接收到的光功率如表 5-4-2 所示。调节接收装置的反向偏压调节，在输入不同光功率时，切换显示状态，分别测量光电二极管反向偏置电压与光电流，记录于表 5-4-2 中。

3. 音频信号传输实验

（1）基带调制。将音频模块"信号输出"接入"信号输入 I"，将"电压源输出"接入"直流偏置"，将接收装置"接收信号输出"接入"音频信号输入"，将电压源模块输出电压调整为 2.5 V，将钮子开关拨向"内置音频"。倾听音频模块播放出来的音乐，定性观察光连接、弯曲等外界因素对传输的影响，记录于表 5-4-3 中。

（2）副载波调制。将音频模块"信号输出"接入"V 信号输入"，将"F 信号输出"接入"直流偏置"，将接收装置"接收信号输出"接入"F 信号输入"，"V 信号输出"接入"音频信号输入"，将钮子开关拨向"内置音频"。倾听音频模块播放出来的音乐，定性观察光连接、弯曲等外界因素对传输的影响，记录于表 5-4-3 中。

实验中也可以将手机、MP3 等通过耳机音频线连接到"外部音频输入"，将钮子开关拨向"外部音频"，重复上述步骤。

4. 数字信号传输实验

本实验用编码器发送二进制数字信号（地址和数据），并用数码管显示地址一致时所发送的数据。用 FC-FC 光纤跳线将光"发射管"与"接收管"相连。将发射装置"数字信号输出"接入发射模块"信号输入 I"，将"电压源输出"接入"直流偏置"。将接收装置"接收信号输出"接入数字信号解调模块"数字信号输入"。将电压源模块输出电压调整为 2.5 V，设置发射地址和接收地址，设置发射装置的数字显示。观测地址一致和地址不一致，接收数字随发射数字的改变情况，将数据填入表 5-4-4 中。

5. 基带（幅度）调制传输实验

将信号源模块"正弦波"输出接入发射模块"信号输入 I"，将"电压源输出"接入"直流偏置"，调节直流偏置电压为 3 V。将发射装置的"监测点 I"接入双踪示波器的其中一路，观测输入信号波形。将接收装置的"观测点"接入双踪示波器的另一路，观测经光纤传输后接收模块输出的波形。调节也可以根据实际需求通过按压旋钮选择"粗调"和"细调"，即当调节的指示灯亮起代表粗调，不亮代表细调。观测信号经光纤传输后，波形是否失真，频率有无变化，记录信号不失真对应的最大输入信号幅度及对应接收端输出信号幅度于表 5-4-5 中。接收系统中，光功率计选择"1310"。

将正弦波信号改为方波信号，重复以上步骤实验，将数据记录于表 5-4-5 中。

6. 副载波调制传输实验

1）观测调频电路的电压频率关系

将发射装置中的"电压源输出"接入 V-F 变换模块的"V 信号输入"（用直流信号作调制信号），将"F 信号输出"接入示波器。根据调频原理，直流信号调制后的载波角频率偏移 $k_f U$，观测输入电压与输出频率之间的变换关系。调节电压源，通过在示波器上读输出信号的周期来换算成频率，将输出频率 f_v 随电压的变化记入表 5-4-6 中。

2）副载波调制传输实验

将信号源模块"正弦波"接入 V-F 变换模块的"V 信号输入"，将"F 信号输出"接入发射模块"信号输入 I"（用副载波信号作激光二极管调制信号）。将"电压源输出"接入"直流偏置"，将"接收信号输出"接入"F 信号输入"，将 F-V 变换模块的"观测点"接入示波器。调节直流偏置电压为 3 V。用示波器观测基带信号，在保证正弦波不失真的前提下调节其幅度和频率到一个固定值，记录幅度和频率于表 5-4-7 中。改变输入基带信号（正弦波）的频率和幅度，观测 F-V 变换模块输出的波形，记录于表 5-4-7 中。

【数据记录与处理】

表 5-4-1　激光二极管伏安特性与输出特性测量

发射电流 $I/(\times 10\ mA)$	0.00	0.50	0.60	0.80	1.00	1.20	1.50	2.00	2.50	3.00	3.50
正向偏压 U/V											
光功率 P/mW											

以表 5-4-1 数据，作所测激光二极管的伏安特性曲线（U-I）和输出特性曲线（P-I）。

表 5-4-2　光电二极管伏安特性的测量

反向偏置电压/V		0	1	2	3	4
$P=0.00$						
$P=0.10\ mW$	光电流/μA					
$P=0.20\ mW$						
$P=0.30\ mW$						

以表 5-4-2 数据，作所测光电二极管的伏安特性曲线（U-I）。

表 5-4-3　音频信号传输实验

项目	实验现象	实验现象对比
基带调制		
副载波调制		

表 5-4-4　数字信号传输实验

项目	实验现象	实验现象对比
地址一致		
地址不一致		

表 5-4-5　基带调制传输实验

激光二极管调制电路输入信号(发射端)					
波形	频率		幅度		
正弦波	扫描时间灵敏度/ms		衰减电压灵敏度/V		
	格数(两位小数)		格数(两位小数)		
	周期/ms		幅度/V		
	频率/kHz				
方波	扫描时间灵敏度/ms		衰减电压灵敏度/V		
	格数(两位小数)		格数(两位小数)		
	周期/ms		幅度/V		
	频率/kHz				
光电二极管光电转换电路输出信号(接收端)					
波形	频率		幅度		
正弦波	扫描时间灵敏度/ms		衰减电压灵敏度/V		
	格数(两位小数)		格数(两位小数)		
	周期/ms		幅度/V		
	频率/kHz				
方波	扫描时间灵敏度/ms		衰减电压灵敏度/V		
	格数(两位小数)		格数(两位小数)		
	周期/ms		幅度/V		
	频率/kHz				

对表 5-4-5 结果作定性讨论。

表 5-4-6　调频电路的 V-f 关系

输入电压/V	0.00	0.50	1.00	1.50	2.00	2.50	3.00	3.50	4.00	4.50	5.00
输出频率 f_V/kHz											
角频率 ω/kHz											

以输入电压为横坐标,输出角频率 $\omega_V = 2\pi f_V$ 为纵坐标在坐标纸上作图。直线与纵轴的交点为副载波的角频率 ω,直线的斜率为调频系数 k_f。求出 ω 与 k_f。

表 5-4-7　副载波调制传输实验

基带信号		光纤传输后解调的基带信号		
幅度/V	频率/kHz	幅度/V	频率/kHz	信号失真程度
1.52	8.00			
1.52	4.00			

基带信号		光纤传输后解调的基带信号		
1.00	8.00			
3.00	8.00			

对表 5-4-7 结果作定性讨论。

【注意事项】

（1）本实验需要经常连接和断开光跳线（尾纤）与光发射器、光检测器，应轻拿轻放，使用时切忌用力过大。

（2）实验完毕后，请立即盖上机箱盖，防止灰尘进入光纤端面而影响光信号的传输。

（3）若不小心把光纤输出端的接口弄脏，需用酒精棉球进行清洗。

（4）光纤跳线接头应妥善保管，防止磕碰，使用后及时戴上防尘帽。

（5）不要用力拉扯光纤，光纤弯曲半径一般不小于 30 mm，否则可能导致光纤折断。

【思考题】

（1）激光二极管的选择可以参考阈值电流的大小，怎么选择呢？为什么？

（2）总结光纤传输的特点。

§5.5 利用单缝衍射测入射光的波长

光的本质是一种电磁波，在传播中若遇到尺寸比光的波长大得不多的障碍物时，光就不再遵循直线传播的规律而会传到障碍物的阴影区并形成明暗变化的光强分布，产生光的衍射现象。

【实验目的】

(1)观察光线通过单缝后产生的衍射现象。

(2)了解相干光、光的干涉和衍射等概念。

(3)学会用衍射法测量入射光波长的实验方法。

【实验仪器】

光具座，光源二维调节架，半导体激光器，透镜架，测微狭缝，白屏。

【实验原理】

1. 单缝衍射及其衍射公式

夫琅禾费衍射是光源和观察屏与障碍物之间的距离都是无限远时的衍射(其入射光波和衍射光波都是平面波)。如图5-5-1所示，其中 S 是一个光源，通过透镜 L_1 形成一束平行光垂直照射宽度与光的波长相接近的单缝时，会绕过缝的边缘向阴影区衍射，衍射光经过透镜 L_2 会在屏幕 E 上形成明暗相间的衍射条纹。

单缝衍射所产生的明暗相间的条纹，可用下列的半波带法加以说明。在图5-5-2中，设单缝的宽度为 a，入射光的波长为 λ。如图5-5-2(a)所示，一宽度为 a 的狭缝垂直于图面放置，一束平行单色光垂直狭缝平面入射，通过狭缝的光发生衍射，衍射角 θ 相同的平行光束经过透镜会聚于放置在透镜焦平面处的屏上，会聚点 P 的光强决定于同一衍射角 θ 的各光线之间的光程差。

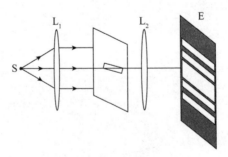

图5-5-1 实验装置图光路图

如图5-5-2(b)所示，对应于某衍射角 θ，把狭缝 AB 分成一系列宽度相等的窄条 Δs，并使相邻的 Δs 各对应点发出的光程差为半波长，这样的窄条 Δs 称为半波带。

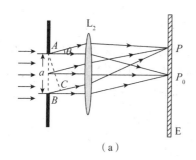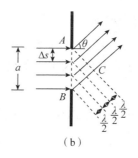

（a）　　　　　　　　　（b）

图 5-5-2　单缝衍射

由图 5-5-2 可以看出，对应于衍射角为 θ 的屏上点 P，缝边缘两条光线之间的光程差为：

$$\delta = \overline{BC} = a\sin\theta \tag{5-5-1}$$

因而半波带的条数为：

$$N = \frac{a\sin\theta}{\lambda/2} \tag{5-5-2}$$

显然，在给定缝宽 a 和波长 λ 的情况下，半波带数目的多少和半波带面积的大小仅决定于衍射角 θ。可得单缝夫琅禾费衍射条纹的明暗条件为：

$$a\sin\theta = \pm 2k\frac{\lambda}{2}, \quad k = 1, 2, 3, \cdots （暗纹中心） \tag{5-5-3}$$

$$a\sin\theta = \pm(2k+1)\frac{\lambda}{2}, \quad k = 1, 2, 3, \cdots （明纹中心） \tag{5-5-4}$$

式中，k 为衍射的级数。$k=1，2，3，\cdots$ 依次为第一级暗纹和明纹，第二级暗纹和明纹，第三级暗纹和明纹，$\cdots$。

当 $\theta = 0$ 时，有：

$$a\sin\theta = 0 （中央明纹中心）$$

中央明纹是零级明纹。式（5-5-3）称为单缝衍射公式。因所有光线到达中央明纹中心 P_0 点的光程相等，光程差为零，所以中央明纹中心处光强最大。明暗条纹以中央明纹为中心两边对称分布。

必须指出，对于任意衍射角 θ 来说，若 $\overline{BC}$ 不是半波长的整数倍，即波面 AB 不能分割成整数个半波带，那么衍射光经过透镜会聚后，在光屏上形成的光强介于与它相邻明纹和暗纹的光强之间，如图 5-5-3 所示。

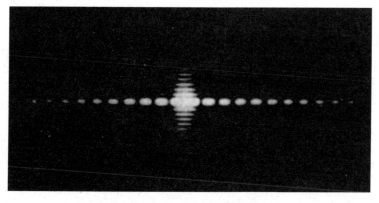

图 5-5-3　光屏上接收到的衍射图样

2. 单缝衍射特点

（1）中央明纹最宽。两个第一级暗纹中心之间的距离定义为中央明纹宽度。当衍射角 θ 很小时，θ 和透镜焦距 f 及屏上条纹中心点 O 的距离 x 之间的关系为：

$$x = f \cdot \tan\theta \approx f \cdot \sin\theta \approx f \cdot \theta$$

并且可求出第一级暗纹中心到点 O 的距离为：$x_1 = f\theta_1 = \dfrac{f\lambda}{a}$，所以，中央明纹宽度为：

$$l_0 = 2x_1 = \frac{2f\lambda}{a}$$

（2）各级明条纹对称分布在中央明条纹两侧，其宽度约为中央明纹的一半。其他任意两相邻暗条纹中心间的距离，即各级明条纹的宽度为：$l = f\theta_{k+1} - f\theta_k = \dfrac{f\lambda}{a}$。

可见，当衍射角很小时，其他各级明纹的宽度都是相同的。

（3）亮度分布不均匀。中央明纹最亮，两侧的亮度迅速减小，直到第一个暗条纹，其后亮度逐渐增大成为第一级明条纹，然后又逐渐减小，其光强 I 分布如图 5-5-4 所示。

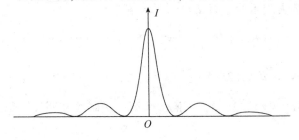

图 5-5-4　光强分布图

【实验内容与步骤】

1. 调节装置

（1）在光具座上按图 5-5-1 安装好整个实验装置，其中光源 S 放在透镜 L_1 的焦平面上，接收屏 E 放置于 L_2 的焦平面上，调节光路，使激光通过整个装置的光路中心。

（2）狭缝开始调至一定的宽度，可以使得光线通过。调节狭缝宽度旋钮，慢慢减小单缝的缝宽，待屏上出现明暗相间的条纹，再做微调，使屏上可以看到清晰可辨的条纹为止。

2. 数据记录

（1）在屏上测量第 k 级明纹到中央明纹的距离 x_k。由于条纹本身有宽度，对于条纹中心的确定容易出现误差，需多次测量求平均值。改变缝宽 a 值的大小，再次测量不同的 k 值所对应的 x_k，取 4 个不同的缝宽 a，每个缝宽测量 2 个 x_k，将数据填入表 5-5-1。

（2）根据光栅公式 $a\sin\theta = \pm k\lambda$，$k = 1, 2, 3\cdots$，当 θ 角很小时，取近似 $\sin\theta \approx \tan\theta = x_k/f$，其中 x_k 为第 k 级明纹到中央明纹的距离，求出入射光的波长为：$\lambda = \dfrac{a \cdot x_k}{kf}$。其中 k 的取值范围最好为 3～10 之间，级数越小或越大条纹中心都不好测量。

【数据记录与处理】

表 5-5-1　不同缝宽下的测量数据

次数	1		2		3		4	
缝宽 a/mm								
条纹级数 k								
焦距 f/mm								
x_k/mm								
$\lambda = \dfrac{a \cdot x_k}{kf}$/nm								

求出入射光波长的平均值 $\overline{\lambda}$，计算测量的误差。

【注意事项】

(1)光学仪器比较精密和易碎，需轻拿轻放。

(2)放置或移动单缝时，严禁用手触摸狭缝，以免对仪器造成影响。

(3)眼睛不能长时间直视光源，以免对眼睛造成伤害。

【思考题】

(1)当狭缝太宽或太窄时，会出现什么现象？

(2)如果用白光光源，会在接收屏上看到怎样的条纹分布？条纹有什么特点？

§5.6 光的偏振

光的偏振是牛顿在 1704—1706 年间引入光学中的。惠更斯在 1678—1690 年间从理论上作了说明。光的偏振这一术语是马吕斯在 1808 年首先提出的，马吕斯、菲涅尔、阿喇戈和布儒斯特等人对偏振现象进行了广泛的研究。直到麦克斯韦在 1865—1873 年间建立光的电磁理论，才从本质上解释了光的偏振现象。

【实验目的】

(1) 产生和观察光的偏振状态，加深对光的偏振的理解。

(2) 了解产生与检验偏振光的元件和仪器。

(3) 掌握产生与检验偏振光的条件和方法。

(4) 验证马吕斯定律。

【实验仪器】

光具座，白光灯，起偏器，检偏器，各种波片。

【实验原理】

1. 光的偏振状态

光是电磁波，它是横波。即电矢量 E 振动方向垂直于光的传播方向，光的偏振现象是横波所独有的特征。按 E 的振动状态不同，偏振光可分为以下五种。

1) 自然光

电矢量在垂直于传播方向的平面内任意取向，各个方向的取向概率相等，所以在相当长的时间里（10^{-5} s 已足够了），各取向上电矢量的时间平均值是相等的，这样的光称为自然光，如图 5-6-1 所示。

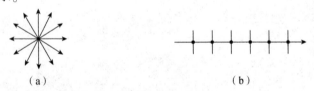

（a）　　　　　　　　　　（b）

图 5-6-1　自然光

（a）迎着光线看自然光；（b）自然光在光路图中的表示

2) 平面偏振光

电矢量只限于某一确定方向的光，因其电矢量和光线构成一个平面而称其为平面偏振光。如果迎着光线看，电矢量末端的轨迹为一直线，所以平面偏振光也称为线偏振光，如图 5-6-2 所示。

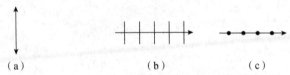

（a）　　　　　　　（b）　　　　　　　（c）

图 5-6-2　平面偏振光

（a）迎着光线看线偏振光；（b）振动方向平行于纸面；（c）振动方向垂直于纸面

3）部分偏振光

电矢量在某一确定方向上较强，而在和它正交的方向上较弱，这种光称为部分偏振光，如图 5-6-3 所示。部分偏振光可以看成线偏振光和自然光的混合。

（a）　　　　　　　　　　　　　（b）

图 5-6-3　部分偏振光

（a）迎着光线看部分偏振光；（b）部分偏振光在光路中的表示

4）椭圆偏振光

迎着光线看，如果电矢量末端的轨迹为一椭圆，这样的光称为椭圆偏振光，如图 5-6-4 所示。椭圆偏振光可以由两个电矢量互相垂直的、有恒定相位差的线偏振光合成得到。

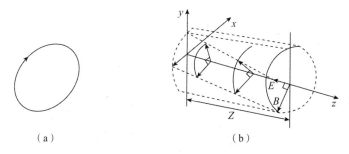

（a）　　　　　　　　　　　　　（b）

图 5-6-4　椭圆偏振光

（a）迎着光线看椭圆偏振光（右旋）；（b）沿着 z 轴传播的椭圆偏振光（右旋）

5）圆偏振光

迎着光线看，如果电矢量末端的轨迹为一个圆，则这样的光称为圆偏振光。圆偏振光可视为长、短轴相等的椭圆偏振光。

2. 偏振光的产生

常见产生偏振光的方法有以下四种。

1）波片反射产生偏振光

当自然光以 $\varphi = \arctan \dfrac{n_2}{n_1}$ 的入射角从折射率为 n_1 的介质入射在折射率为 n_2 的非金属表面（如玻璃）上时，则反射光为线偏振光，其振动面垂直于入射面，此时的入射角称为布儒斯特角（玻璃的布儒斯特角约为57°）。

2）光线穿过玻璃片堆产生偏振光

当自然光以布儒斯特角入射到一叠玻璃片堆上时，光线穿过玻璃片堆上时，各层反射光全部是平面偏振光，而折射光则因逐渐失去垂直于入射面的振动部分而成为部分偏振光，玻璃片越多，折射透过的光越接近于线偏振光，当玻璃片数为 8～9 片时，就可近似看成线偏振光。

3）由二向色晶体产生偏振光

二向色晶体有选择吸收寻常光（o 光）或非寻常光（e 光）之一的性质，一些矿物质和有机化合物具有二向色性。

4）由双折射产生偏振光

由于各向异性晶体的双折射作用，使入射的自然光折射后成为两条光线，即寻常光和非寻常光，而这两种光都是平面偏振光。如方解石晶体做成的尼科尔棱镜只能让寻常光通过，使入射的自然光变成偏振光。

3. 起偏器、检偏器和马吕斯定律

鉴别光的偏振态的过程称为检偏，它所用的装置称为检偏器。实际上，起偏器和检偏器是通用的。用于起偏的偏振片称为起偏器，用于检偏的偏振片称为检偏器。

按照马吕斯定律，强度为 I_0 的线偏振光通过检偏器后，透射光的强度为：

$$I = I_0\cos^2\theta \tag{5-6-1}$$

式中，θ 为入射光偏振方向与检偏器的偏振轴之间的夹角。显然，当以光线传播方向为轴转动检偏器时，透射光强度 I 将发生周期性变化。当 $\theta = 0$ 时，透射光强度为极大值；当 $\theta = 0$ 时，透射光强度为极小值，称之为消光状态，接近于全暗；当 $0° < \theta < 90°$ 时，透射光强度 I 介于最大值和最小值之间。因此，根据透射光强度变化的情况，可以区别线偏振光、自然光和部分偏振光。图 5-6-5 表示自然光通过起偏器和检偏器的变化情况。

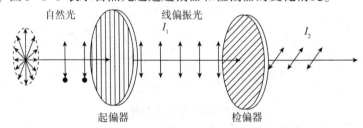

图 5-6-5　自然光通过起偏器和检偏器的变化

将光束入射到偏振片，旋转偏振片一周进行观察。

（1）若光强随偏振片的转动没有变化，这束光是自然光或圆偏振光。这时在偏振片之前放 1/4 波片，再转动偏振片，如果强度仍然没有变化是自然光；如果出现两次消光，则是圆偏振光，因为 1/4 波片能把圆偏振光变为线偏振光。

（2）如果用偏振片进行观察时，光强随偏振片的转动有变化但没有消光，则这束光是部分偏振光或椭圆偏振光。这时可将偏振片停留在透射光强度最大的位置，在偏振片前插入 1/4 波片，使波片的光轴与偏振片的投射方向平行，再次转动偏振片。若出现两次消光，即为椭圆偏振光，即椭圆偏振片变为线偏振光；若还是不出现消光，则为部分偏振光。

（3）如果随偏振片的转动出现两次消光，则这束光是线偏振光。

4. 1/2 波片和 1/4 波片

对某一波长为 λ 的单色光，产生 $\Delta\varphi = (2k+1)$ 相位差的晶片称为该单色光的半波片（1/2 波片）。对某一波长为 λ 的单色光，产生 $\Delta\varphi = \left(k+\dfrac{1}{2}\right)$ 相位差的晶片称为该单色光的 1/4 波片。

当线偏振光垂直入射到 1/4 波片上时，且其振动方向与波片光轴成 θ 角，如图 5-6-6 所示，由于 o 光和 e 光的振幅是 θ 的函数，所以，合成光的振幅 A 因 θ 角不同而不同。有：

（1）当 $\theta = 0$ 或 $\theta = \dfrac{\pi}{2}$ 时，$A_o = 0$ 或 $A_e = 0$，为线偏振光；

（2）当 $\theta = \dfrac{\pi}{4}$ 时，$A_o = A_e$，为圆偏振光；

（3）当 θ 为其他角度时，为椭圆偏振光。

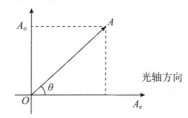

图 5-6-6 偏振光通过 1/4 波片示意图

5. 光的偏振的应用

1）在摄影镜头前加上偏振镜消除反光

在拍摄表面光滑的物体，如玻璃器皿、水面、陈列橱柜、油漆表面、塑料表面等，常常会出现耀斑或反光，这是由于光线的偏振而引起的。在拍摄时加用偏振镜，并适当地旋转偏振镜面，能够阻挡这些偏振光，借以消除或减弱这些光滑物体表面的反光或亮斑。要通过取景器一边观察一边转动镜面，以便观察消除偏振光的效果。当观察到被摄物体的反光消失时，即可以停止转动镜面。

2）摄影时控制天空亮度

由于蓝天中存在大量的偏振光，所以用偏振镜能够调节天空的亮度，加用偏振镜以后，蓝天变的很暗，突出了蓝天中的白云。偏振镜是灰色的，所以在黑白和彩色摄影中均可以使用。

3）使用偏振镜看立体电影

在观看立体电影时，观众要戴上一副特制的眼镜，这副眼镜就是一对透振方向互相垂直的偏振片。当然，实际放映立体电影是用一个镜头，两套图像交替地印在同一电影胶片上，还需要一套复杂的装置。光在晶体中的传播与偏振现象密切相关，利用偏振现象可了解晶体的光学特性，制造用于测量的光学器件，以及提供诸如岩矿鉴定、光测弹性及激光调制等的技术手段。

【实验内容与步骤】

1. 起偏

将白光灯和白屏安置在光具座上，插入一偏振片，使偏振片在垂直于光束的平面内旋转，观察光强变化，判断从白光灯中出射的光的偏振状态，将实验结果记录在表 5-6-1 中。实验装置如图 5-6-7 所示。

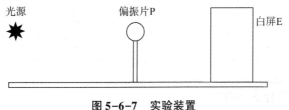

图 5-6-7 实验装置

2. 消光

在第一片偏振片 P_1 和白屏 E 之间加入第二块偏振片 P_2，将第一片固定，旋转第二片，观察实验现象，并将实验结果记录在表5-6-1中。思考是否能找到一个位置使光完全消失，此时两片偏振片之间有什么关系？

3. 三块偏振片的实验

使两块偏振片处于消光位置，再在它们之间插入第三块偏振片，解释为什么这时有光通过，第三块偏振片取什么位置时能使光最强？最弱？

4. 圆偏振光和椭圆偏振光的产生

（1）按光路图使偏振片 P_1 和 P_2 的偏振轴正交（消光）。然后插入一片 1/4 波片（实际实验中要使光线尽量穿过元件的中心）；

（2）以光线为轴先转动 1/4 波片使消光，然后使 P_2 转过 $360°$，每间隔 $15°$ 测量一次观察现象，记录光功率的读数并填入表5-6-2。

【数据记录与处理】

表5-6-1 起偏和消光现象

偏振片 P	偏振片 P 转一周，透射光强是否变化	偏振片 P 转一周，出现消光次数	入射光的类型
放偏振片 P_1			
放偏振片 P_2			

从表5-6-1可得到什么结论？

表5-6-2 P_2 转动一周观测到的读数

偏振片 P_2 转过的角度	光功率的读数/μW	偏振片 P_2 转过的角度	光功率的读数/μW
0°		195°	
15°		210°	
30°		225°	
45°		240°	
60°		255°	
75°		270°	
90°		285°	
105°		300°	
120°		315°	
135°		330°	
150°		345°	
165°		360°	
180°			

从表5-6-2可得到什么结论？

【注意事项】

(1)光学仪器比较精密，要轻拿轻放，不要用手去触碰镜面。

(2)实验过程中，光功率计探头一定要垂直接收通过偏振片的光。

(3)尽量规避实验室中其他光源的干扰，造成光强度偏大的情况。

【思考题】

(1)实验室里有三块外形相仿的偏振原件弄混了，已知它们是偏振片、1/4 波片和 1/2 波片。你能用什么方法借助于钠灯把它们鉴别出来？

(2)如果在相互正交的起偏器 P_1、检偏器 P_2 之间插入一块 1/4 波片，使其跟起偏器 P_1 的光轴平行，那么，通过检偏器 P_2 的光斑是亮还是暗的？为什么？将 P_2 转 90°时，光斑的明亮程度是否变化？为什么？

第 6 章

设计性实验

§6.1 弹簧振子运动规律的实验研究

【实验目的】

（1）检验弹簧振子周期与质量的关系。

（2）测量弹簧的有效质量。

【实验仪器】

弹簧，砝码及配重块若干，数字毫秒计时器，气垫导轨，滑块，天平。

【实验原理】

根据所给仪器，自行设计实验方法，测定弹簧的劲度系数 k_1 和 k_2 的值，检验弹簧振子振动周期与质量 m 的关系，求弹簧的有效质量 m_0。要求：

（1）推导实验原理；

（2）写出实验步骤；

（3）分析实验结果。

【实验内容与步骤】

略。

【数据记录与处理】

略。

【注意事项】

略。

【思考题】

略。

§6.2　易溶于水的颗粒状物质的密度测定

【实验目的】

（1）掌握测量物质密度的方法。

（2）测量砂糖（或盐）的密度。

【实验仪器】

物理天平、比重瓶、烧杯、蒸馏水、待测物（砂糖或盐）。

【实验原理】

根据所给仪器，自行设计实验方法，测量砂糖（或盐）的密度。要求：

（1）推导实验原理；

（2）写出实验步骤；

（3）分析实验结果。

【实验内容与步骤】

略。

【数据记录与处理】

略。

【注意事项】

略。

【思考题】

略。

附　录

§F1　中华人民共和国法定计量单位（摘录）

我国的法定计量兽位（以下简称法定单位）包括：

（1）国际单位制的基本单位（见表1）；

（2）国际单位制的辅助单位（见表2）；

（3）国际单位制中具有专门名称的导出单位（见表3）；

（4）国家选定的非国际单位制单位（见表4）；

（5）由以上单位构成的组合形式的单位；

（6）由词头（见表5）和以上单位所构成的十进倍数和分数单位。法定单位的定义、使用方法等，由国家计量局另行规定。

表1　国际单位制的基本单位

量的名称	单位名称	单位符号
长度	米	m
质量	千克（公斤）	kg
时间	秒	s
电流	安[培]	A
热力学温度	开[尔文]	K
物质的量	摩[尔]	mol
发光强度	坎[德拉]	cd

表2　国际单位制的辅助单位

量的名称	单位名称	单位符号
[平面]角	弧度	rad
立体角	球面度	sr

表3　国际单位制中具有专门名称的导出单位

量的名称	单位名称	单位符号	其他表达式
频率	赫[兹]	Hz	s^{-1}
力	牛[顿]	N	$kg \cdot m/s^2$
压力，压强，应力	帕[斯卡]	Pa	N/m^2
能[量]，功，热量	焦[耳]	J	$N \cdot m$
功率，辐[射能]通量	瓦[特]	W	J/s
电荷[量]	库[仑]	C	$A \cdot s$
电压，电动势，电势（电位）	伏[特]	V	W/A
电容	法[拉]	F	C/V
电阻	欧[姆]	Ω	V/A
电导	西[门子]	S	A/V
磁通[量]	韦[伯]	Wb	$V \cdot s$
磁通[量]密度，磁感应强度	特[斯拉]	T	Wb/m^2
电感	亨[利]	H	Wb/A
摄氏温度	摄氏度	℃	
光通量	流[明]	lm	$cd \cdot sr$
[光]照度	勒[克斯]	lx	lm/m^2
[放射性]活度	贝可[勒尔]	Bq	s^{-1}
吸收剂量	戈[瑞]	Gy	J/kg
计量当量	希[沃特]	Sv	J/kg

表4　国家选定的非国际单位制单位

量的名称	单位名称	单位符号	其他表达式
时间	分	min	1 min=60 s
	[小]时	h	1 h=60 min=3 600 s
	日（天）	d	1 d=24 h=86 400 s
平面角	[角]秒	(″)	$1''=(\pi/648\ 000)$ rad
	[角]分	(′)	$1'=60''=(\pi/10\ 800)$ rad
	度	( )	$1 =60'=(\pi/180)$ rad
体积	升	L(1)	$1\ L=1\ dm^3=10^{-3}\ m^3$
质量	吨	t	$1\ t=10^3\ kg$
	原子质量单位	u	$1\ u \approx 1.660540 \times 10^{-27}\ kg$
旋转速度	转每分	r/min	$1\ r/min=(1/60)\ s^{-1}$
长度	海里	n mile	1 n mile=1 852m（只用于航行）

量的名称	单位名称	单位符号	其他表达式
速度	节	kn	1 kn＝1n mile/h＝（1 852/3 600）m/s（只用于航行）
能［量］	电子伏	eV	1 eV≈1.602 177×10^{-19} J
级差	分贝	dB	
线密度	特［克斯］	tex	1 tex＝10^{-6} kg/m
面积	公顷	hm^2	1 hm^2＝10^4 m^2

表5　用于构成十进倍数和分数单位的词头

因数	词头名称	词头符号	因数	词头名称	词头符号
10^{18}	艾［克萨］	E	10^{-18}	阿［托］	a
10^{15}	拍［它］	P	10^{-15}	飞［母托］	f
10^{12}	太［拉］	T	10^{-12}	皮［可］	p
10^9	吉［咖］	G	10^{-9}	纳［诺］	n
10^6	兆	M	10^{-6}	微	μ
10^3	千	k	10^{-3}	毫	m
10^2	百	h	10^{-2}	厘	c
10^1	十	da	10^{-1}	分	d

§F2　常用物理常数表

物理常数	符号	数值	单位	相对标准不确定度
真空中的光速	c	299 792 458	m·s^{-1}	精确
普朗克常数	h	6.626 070 15×10^{-34}	J·s	精确
约化普朗克常数	$h/2\pi$	1.054 571 817…×10^{-34}	J·s	精确
元电荷	e	1.602 176 634×10^{-19}	C	精确
阿伏伽德罗常数	N_A	6.022 140 76×10^{23}	mol^{-1}	精确
摩尔气体常数	R	8.314 462 618…	J·mol^{-1}·K^{-1}	精确
玻尔兹曼常数	k	1.380 649×10^{-23}	J·K^{-1}	精确
理想气体的摩尔体积（标准状态下）	V_m	22.413 969 54…×10^{-3}	m^3·mol^{-1}	精确
斯特藩-玻尔兹曼常数	σ	5.670 374 419…×10^{-8}	W·m^{-2}·K^{-4}	精确
维恩位移定律常数	b	2.897 771 955×10^{-3}	m·K	精确

续表

物理常数	符号	数值	单位	相对标准不确定度
引力常数	G	$6.674\ 30\times10^{-11}$	$m^3\cdot kg^{-1}\cdot s^{-2}$	2.2×10^{-5}
真空磁导率	μ_0	$1.256\ 637\ 062\ 12\times10^{-6}$	$N\cdot A^{-2}$	1.5×10^{-10}
真空电容率	ε_0	$8.854\ 187\ 812\ 8\times10^{-12}$	$F\cdot m^{-1}$	1.5×10^{-10}
电子质量	m_e	$9.109\ 383\ 701\ 5\times10^{-34}$	kg	3.0×10^{-10}
电子比荷	$-e/m_e$	$-1.758\ 820\ 010\ 76\times10^{11}$	$C\cdot kg^{-1}$	3.0×10^{-10}
质子质量	m_p	$1.672\ 621\ 923\ 69\times10^{-27}$	kg	3.1×10^{-10}
中子质量	m_n	$1.674\ 927\ 498\ 04\times10^{-27}$	kg	5.7×10^{-10}
里德伯常数	R_∞	$1.097\ 373\ 156\ 816\times10^{7}$	m^{-1}	1.9×10^{-12}
精细结构常数	α	$7.297\ 352\ 569\ 3\times10^{-3}$	—	1.5×10^{-10}
精细结构常数的倒数	α^{-1}	$137.035\ 999\ 084$	—	1.5×10^{-10}
玻尔磁子	μ_B	$9.274\ 010\ 078\ 3\times10^{-24}$	$J\cdot T^{-1}$	3.0×10^{-10}
核磁子	μ_N	$5.050\ 783\ 746\ 1\times10^{-27}$	$J\cdot T^{-1}$	3.1×10^{-10}
波尔半径	a_0	$5.291\ 772\ 109\ 03\times10^{-11}$	m	1.5×10^{-10}
康普顿波长	λ_c	$2.426\ 310\ 238\ 67\times10^{-12}$	m	3.0×10^{-10}
原子质量常数	m_u	$1.660\ 539\ 066\ 6\times10^{-27}$	kg	3.0×10^{-10}

注：此表给出基本物理常数 2018 年的推荐值。

§F3　希腊字母表

白正体		黑斜体		英文	中文
大写	小写	大写	小写		
A	α	A	α	alpha	阿尔法
B	β	B	β	beta	贝塔
Γ	γ	Γ	γ	gamma	伽马
Δ	δ	Δ	δ	delta	德尔塔
E	ε	E	ε	epsilon	艾普西隆
Z	ζ	Z	ζ	zeta	截塔
H	η	H	η	eta	艾塔
Θ	θ	Θ	θ	theta	西塔
I	ι	I	ι	iota	约塔

白正体		黑斜体		英文	中文
大写	小写	大写	小写		
K	κ	*K*	*κ*	kappa	卡帕
Λ	λ	*Λ*	*λ*	lambda	兰布达
M	μ	*M*	*μ*	mu	谬
N	ν	*N*	*ν*	nu	纽
Ξ	ξ	*Ξ*	*ξ*	xi	克西
O	o	*O*	*o*	omicron	奥密克戎
Π	π	*Π*	*π*	pi	派
P	ρ	*P*	*ρ*	rho	肉
Σ	σ	*Σ*	*σ*	sigma	西格马
T	τ	*T*	*τ*	tau	陶
Υ	υ	*Υ*	*υ*	upsilon	宇普西隆
Φ	φ	*Φ*	*φ*	phi	菲
X	χ	*X*	*χ*	chi	凯
Ψ	ψ	*Ψ*	*ψ*	psi	普赛
Ω	ω	*Ω*	*ω*	omega	欧米伽

参 考 文 献

[1]杨述武. 普通物理实验[M]. 5 版. 北京：高等教育出版社，2015.
[2]张兆奎. 大学物理实验[M]. 4 版. 北京：高等教育出版社，2016.
[3]周惟公. 大学物理实验[M]. 3 版. 北京：高等教育出版社，2020.
[4]王永强. 大学物理实验教程[M]. 2 版. 北京：高等教育出版社，2019.
[5]朱基珍. 大学物理实验(基础部分)[M]. 武汉：华中科技大学出版社，2018.